SMART

The **CAT**
OWNER'S Handbook

養貓寶典

The CAT
OWNER'S Handbook

養貓寶典

葛拉漢・米道斯
艾爾莎・弗林特　◎合著

陳文裕◎譯

推薦序

　　本書是由葛拉漢·米道斯和艾爾莎·弗林特兩位獸醫師繼《Smart養狗寶典》之後，再度合作的第二本書。來自於兩位獸醫師多年累積的經驗與研究，本書的內容專業性高，內容詳盡且充實，和現代人養貓的需求正好符合，是現代愛貓人士不可不備的一本好書。

　　書中內容共分為十大章節，分別依據人與貓的關係由來、如何飼養一隻新貓、一直到營養管理、健康照顧以及老年看護等等，貫穿了飼養一隻貓一生須注意的所有要點。在營養的章節針對國人很少動手的習慣，教導親自調理貓咪食物的要訣。書中也對一般市面上養貓書籍較少著墨的動物行為問題方面，詳述了訓練、教育以及貓的各種心理及行為問題。藉由良好的照顧和教育，可以確保人與貓之間的相處和諧及愉快。在疾病部分章節，基於兩位獸醫師的專業，也將貓咪常見的疾病分門別類，詳盡且明白的介紹各種貓常見的傳染性疾病。針對各種日常生活中可能發現的疾病方面，更以簡單易查的表格方式，能使主人迅速知道貓可能發生的疾病，並且快速的加以處理或送往動物醫院治療。最後一個章節更單獨列出一些貓在家中可能發生的意外狀況，教導主人如何找出可能的發生原因，或是可能引發貓中毒的家庭用品及緊急處理方法。

　　有別於傳統養狗的風氣，養貓在都會地區以及家中人口少、乏人照顧寵物的家庭，已經漸漸的在增加當中。由於貓獨立自主的個性，使得許多現代忙碌的城市上班族比較不需要去煩惱被單獨留在家中孤單無聊的問題。貓不容易吵鬧、不會吠叫，也在美、日等先進國家，逐漸成為社區以及公寓中較為受歡迎的寵物。

這本《Smart養貓寶典》的英文版仍然是由國立台灣大學獸醫學系畢業的高材生陳文裕醫師交到我手上的。在《Smart養狗寶典》之後，我鼓勵陳醫師繼續針對養貓部分的書籍翻譯成中文以惠國人，陳醫師也利用工作之餘繼續的把這本書翻譯完成。而且在翻譯內容方面完全不失原著應有的專業性，文章的完整性和流暢度也都無話可說。相信不管是初次養貓或是養貓多年的人士，在此書中應該都能夠受益匪淺。盼大家好好利用，並祝福大家，人與萬物共長久，健康平安與快樂!

中華民國獸醫學會理事長
台大農學院附設動物醫院院長
國立台灣大學獸醫學系（所）教授
國立台灣大學獸醫學博士

郭宗甫

上圖：幼貓天生即具有優秀的偵測移動物體能力──不過還沒有這麼厲害── 一隻偽裝成綠色的蟋蟀可以安全的從幼貓的眼前溜過。

下頁上圖：經由與寵物之間的互動關係，孩童可以從中學習到愛、死亡以及對生命的尊重。

SMART The CAT OWNER'S Handbook
養貓寶典

目　錄

第一章

貓與人們

狗兒有牠的主人，
貓咪卻有隨侍在側的侍從

我們之中如果有曾經養過貓的人，大概會提出這樣的一個理論：就是人類從來不曾馴化過貓咪，而是貓咪藉由走進人類的生活而馴化自己，並且慢慢適應甚至後來（在許多例子上如此）接管了人類生活。除了少數例外，現在的家貓大都是非常獨立自主，而且還有著無法確定的野性。牠可能會看你一眼，暗示你：「我可以住在你家裡，但是別指望我順從你。」

家貓的起源

今日家貓的遠祖，可能是一種現在已經絕種的馬特李野貓（*Felis lumensis*）。牠的體型大小約和現在的小型野貓相等。大約在60萬到90萬年前，則演化成為*Felis silvestris*，並發展成三個根據居住地區及環境所命名的三個現存亞種。分別是：中歐 (森林) 野貓（*F. silvestris silvestris*）、亞洲沙漠野貓（*F. silvestris ornata*）、以及非洲

上圖：雖說貓咪常給人一種跟人類疏遠的印象，不過像這樣貼著主人的臉舔舐以表現出對主人的喜愛也並非是不尋常。

下圖：雄獅的驕傲和自尊心都會因為群體的關係而特別容忍。

野貓（*F. silvestris lybica*）。隨後便普遍居住於亞洲的大部分以及北非，然而因為貓咪馴化的過程大部分都發生在中東地區，所以非洲野貓應該是現今大多數家貓共同主要的祖先。

貓的家庭化過程

就像其他的家畜一樣，貓的馴化過程是經歷了一段相當漫長的歲月。野貓開始和人類產生互動關係，應該是在人類即將結束漁獵生活，形成固定居所，並開始種植穀物以及儲藏作物的時候。因為儲存作物的穀倉勢必會引來老鼠等囓齒動物，而這類動物也吸引了野貓的前來。

任何比較敏銳的農夫都會很快發現，鼓勵野貓消滅這些害獸對自己是有益無害的。因此一個鬆散又互相有益的關係就這樣慢慢的形成了。

然而，正因為馴化過程的真正起始時間並不確定，所以我們的推算大都是依靠一些考古學的發現，以及挖掘出來的一些可能與人類關係匪淺的貓咪遺骸來做推論。雖然在西元前6700年的古埃及考古遺址中，已經可以發現許多種不同的貓咪遺骸，不過卻沒有足夠證據顯示那些是已經馴化的動物，反而像是比較接近野貓。如果你接受貓咪與人類葬在一起就可以當作是貓咪已經馴化的證據，那麼在埃及的莫斯塔吉所發現7000年前的古墳應該可以當作證據了。在該古墳中，挖掘出了葬在一個人腳邊的兩具動物遺骸：一隻貓咪以及一隻瞪羚。

如果上面的事實無法說服你，那麼你可能需要把時間向後推移2500年之久，去尋找埃及墳墓藝術中對貓咪所刻畫的壁畫。從位於印度斯山谷的考古遺址（大約西元前2000年左右）被發掘出來的貓咪遺骸，已經有多種被馴化的品種，而且根據壁畫上的描繪跟敘述，都可以清楚證明這些貓咪是已經被馴化的。

從那時代之後有很多證據，都足以證明貓咪在古

下圖：許多雕像都是以古埃及的貓神巴斯提為形象塑造。圖中這尊銅像的完成年代約在西元前664到525年之間。

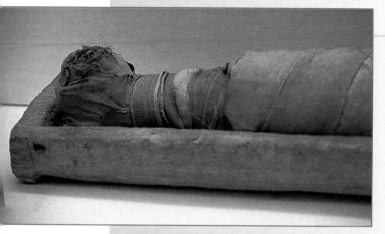

貓咪的崇拜與文化

在數千年前的古埃及，貓咪文化已經被完整的建立起來。古埃及的貓神祇「馬弗戴特」，是法老王宮殿的守護者以及獵食者，其模樣出現在第五至第六王朝（約西元前2280年）的金字塔上雕刻畫像中。

古埃及年代認定貓咪角色為穀倉的守護者，並訂立法律保護貓咪以及將他們供養在神廟之中。在貓神祇巴斯提或是佩斯，來自於埃及古語『puss』－意味著起死回生，數以千計的貓咪被製成木乃伊放置在墳墓裡。其他位置的古蹟發掘也挖出了大量的貓咪木乃伊，而貓咪文化的高峰一直持續到西元前500年左右，因為許多其他動物也開始變成崇拜的目標。過去的研究曾經認為所有的貓咪都是家中一份子並且都是自然死亡，他們的遺體則是由悲傷的主人獻給神廟。不過最近的一些研究發現其中許多貓咪其實是為了獻祭而被養大，因為他們的死因多是頸骨折斷，且有許多都還是幼貓。

埃及的家庭中已經扮演了重要的角色。一幅出自於底比斯，葬有商港大王「梅」以及他的妻子「蘇」（約在西元前1600年）古墳中的壁畫，描繪了一隻貓咪正坐在「蘇」的椅子下。貓咪是繫有項圈，而牠的拉繩則被綁在椅子的腳上。雖然可能還有爭議，不過可以推論牠應該是隻寵物。

在一個名叫「巴克特」人（約在西元前1500年）的古墳中，刻畫出一幅一個家庭正在看著一隻盯著老鼠的貓咪壁畫。其他在底比斯所發現的一些古墳也都畫有貓咪的壁畫。其中一幅約在西元前1400年左右的壁畫，則描繪了一隻幼貓正坐在雕刻家的膝蓋上。在同一時代也發現一些有趣但意義不甚明確的手工藝品，可能指示出在那個時代中貓咪不只是家中的寵物，同時也是打獵時的幫手。目前至少發現有三幅壁畫，其中之一是在雕刻家內卜門（約在西元前1400年）的古墳中，顯示出貓咪看起來似乎是有參與獵鳥人使用標槍捕殺野鴨以及其他鳥類的行動。而這些貓咪是幫忙把鳥類從蘆葦叢裡趕出來或是幫忙撿拾獵物不過反對者也可能會說牠們可能只是單純的等在那邊，以獲得一份免費的午餐。

貓的馴化

一些文章曾提到貓咪在家庭化的過程中，勢必有一些野性基因上的改變（稱之為「家庭化突變」）以降低野貓天生的攻擊性來確保家庭化的可能。此一立論的基礎在於野貓的馴服（缺乏攻擊性）是不能遺傳的；就算單獨的個體可以被馴養，牠們所生下的幼貓仍具有野性而需要再被重新馴

上圖：貓咪在古埃及是備受崇拜，而其中有許多都被製成木乃伊以陪伴他們主人前往死後的世界。

下圖：當你聽到你的母貓在為幼貓哺乳時大叫，千萬不要因此而被嚇到。

服。然而——在家貓來說，幼貓卻遺傳了來自母親的馴服性，基於此一理由，一定有一些基因上的改變而導致這樣結果發生。

家庭化突變這樣的想法是非常引人好奇，因為這意味著該突變阻止了貓咪發展出完整的成貓行為模式，而結果是即使該動物成年後仍維持了青少年期的行為模式，保有這些行為使他們比較容易適應家庭化後的環境。

而這樣的過程已經促使「新種」產生，而且產生了下面的結果：在自然界中，成貓都是獨立自主單獨生活，一個緊密連結的「家族」群體只有在母貓生產並且哺育她的幼貓時才會形成，不過當幼貓大到可以獨立時這樣的關係就會結束，而每一隻貓咪都變成「獨行俠」。

不過反過來說，家貓的行為就變得很不一樣，牠們變得比較群居性，而這也顯示出牠們保有了一些「幼貓的」習性才會聚集在一起。這一點有許多例子足以證明，如果一隻懷孕生產母貓的主人決定留下一隻或是多隻幼貓來扶養，則母貓跟牠的兒女們就會形成非常親密的家族關係。

即使家貓逃到野外生活，牠們的家族也都有生活在一起的傾向，而在都市中相對有著較多貓咪數量的地區，即使是沒血緣關係的成貓也會形成一個結構鬆散的相互關係。牠們的群體甚至會在每天的固定時間會面以舉行「貓咪會議」，這使得貓咪看起來就像人們一樣會聚在一起「鬼混」。

「新種」的產生有可能是出自於基因的突變，不過也有可能是來自於人類的選種培育過程。人們可能會選擇保留和繁殖比較容易掌握控制的貓咪。那些顯示出青少年時期特性的貓咪可能比較家庭化而且比成貓較為不獨立自主，而這樣的特質會比較適合與人類的家庭一起生活。

這樣子的改變不只發生在家貓身上，在狗的家庭化中也可以發現這樣的特性。當成年的動物保留了部分的幼年性格時，會使牠們更容易讓自己融入人類的家庭中。

上圖：雌獅（Panthera leo）永遠保持警戒狀態，監視著可能會對群體造成的危險，即使是該群體已不再渺小且並非無防備也是如此。

不管是否真有這樣的基因改變，或是何時發生，我們都將不會知道。我們只能推測可能人們飼養了野貓的幼貓，而其中有一些（大概是母貓）顯示出充分的馴服直到牠們成年甚至懷孕生產。最後可能因為許多不同的理由，幼貓出生後變得比較沒有攻擊性而且更適合跟人類家庭生活在一起。

然而，家貓的野性只是暫時隱藏在表面下，而且並非所有貓咪「馴服」的等級都相同。在整個家貓的族群中，個性的好壞程度等級分布是相當廣的——有些貓咪是相當溫馴而有的卻還有相當程度的野性傾向。同時，家貓攻擊性的減少可以藉由在幼貓時期頻繁與人接觸而得到加強。如果沒有如此做，那麼有些貓咪的野性可能會再度出現。例如，家貓所生的幼貓如果跑到野外則有可能對人類產生不信任感，而此時就需要重新進行馴養過程以便能夠適應在人類家中的生活。

貓咪的分布

當越來越多國家之間的貿易路徑在地中海週邊以及亞洲被發展出來時，家貓的分布區域也隨之越來越大。大約在西元前900年左右，腓尼基的商人將貓咪帶至義大利，然後從義大利慢慢分佈至歐洲全部，在此同時來自於歐洲野貓的基因也被引入家貓之中（可能是意外或是計畫性的，也可能兩者都有）。

貓咪大約在西元1000年左右到達英格蘭，在那個早期維京人殖民的時期，因為貓咪的遺骸已經有好幾個在該時期的考古遺址中被發掘出來（包括在英格蘭約克郡的早期維京人村落）。

在這之前的貓咪都屬於短毛種，不過在這之後東方開始發展出長毛種的貓咪。根據推論長毛種的基因可能來自於中亞（*Felis manul*），不過更可能的是長毛基因是來自於人工的選種而產生出長毛品種。長毛的基因則是從南俄羅斯往巴基斯坦、土耳其以及伊朗擴散，而最後終於在安哥拉種以及波斯種的貓咪上表現出來。長毛種大約在西元1600年左右從土耳其抵達義大利，大約就是在馬恩貓經由西班牙商人從遠東的貿易路途中帶回，抵達馬恩島的同一時期。

第一批的殖民者帶著短毛種的貓咪前往紐西蘭，稍後的殖民者則陸續將多種不同的貓咪帶往紐西蘭以及澳洲。至此家貓已經廣泛的分布於全世界。

被毛的毛色以及花紋

有些貓咪被毛的顏色和花紋被認為是非常古老，因為牠們在很長的時間中慢慢分布到世界各地。這之中包括了黑色、藍色（一種像石頭般灰色的顏色，類似「稀釋」過的黑色）以及橘色（赤色）。另一方面來說，如暹羅貓以及緬甸貓的毛色花紋，則是比較近代且起

上圖：俄羅斯藍貓的發源地目前尚未被確認。有一說法是當年水手們從俄羅斯北方的港口亞契格帶回英國。

下圖：絕大多數（但並非全部）赤色的貓咪都是公貓。因為被毛顏色是所謂「性聯遺傳」的基因。

源於南亞——牠們因人們的興趣而被保留以及散佈出去。

　　有些其他的花紋則因貓咪牠們自己的協議而散布出去。例如，在數百年前的英國，塊狀花紋的貓咪被視為是由條紋狀花紋貓咪所產生的突變。雖說理由尚不能被充分解釋，但是事實顯示塊狀花紋以及黑色的貓咪，在高密度的都市地區環境中比較容易繁衍，以及在某些地區（如英格蘭），這些顏色的貓咪在野貓以及非純種的家貓中，顯得具有基因上的顯性優勢。

育種

　　根據貓咪自然的天性，特別是雄性（公貓），是典型的「漂泊者」。在選種育種雛型剛形成大約150年前時，家貓這樣的流浪癖提供了許多基因混合的機會。如果該地區有兩種不同品種，經過一段時間之後都會有一定程度的混合，所以我們很難確定許多現今家貓品種的起源。

　　然而，經由了解現代家貓的骨骼結構、身體的構造以及被毛長度，可以讓我們做一些合理的猜測。在英國短毛貓以及波斯貓等體重比較重，骨架比較大的貓種上，就可以看出受到歐洲野貓的影響。而一些歐洲以外起源的品種（如阿比西尼亞貓以及暹羅貓），則保存了非洲野貓較為柔軟的體型。

　　不過現在似乎沒有證據證明一些品種的家貓（例如安哥拉貓、中國貓以及暹羅貓）是起源於亞洲並且來自於帕拉斯貓（*Otocolobus manul*）或是相近的血緣，因為這些貓咪的頭骨並沒有顯示出與亞洲品種相似處。

純種冠軍貓的發展

　　一直到了19世紀中葉，在英國和歐洲才有了關於育種以及紀錄冠軍品種的概念出現。一些育種人士開始使用原本短毛的品種來開始他們的育種計畫，藉由身體的形態以及被毛的顏色來做選擇。由這些貓咪做物種原

上左：藍眼睛是暹羅貓最明顯的特徵之一。
上右：貓咪是非常敏捷的，而且是強力且精準的跳遠選手。
下圖：今日波斯貓已經有超過160種的被毛顏色樣式。

型，經過多年的重複選種，於是產生了今日英國和歐洲的短毛貓品種。

在美洲，短毛貓的基礎也是來自於當地的貓咪，不過這其實是在200年前由早期的移民所帶過去貓咪的後裔，且已經發展出自己的獨立特質。這些貓咪影響造就了日後美國短毛貓。

在貓咪開始育種的早期，其實已經存在了長毛種的家貓，不過現在所謂純種的長毛貓品種主要是由安哥拉貓所發展來，而這種原產自土耳其的貓咪，後來產生了來自波斯以及阿富汗的長毛種，這兩種貓咪後來便發展成知名的波斯貓。

在20世紀時貓咪的引進與輸出仍在持續進行，第一隻緬甸貓在1919年被帶到法國，而現今緬甸貓的祖先則在1930年時從仰光被帶往美國。

大約在1950年代時，埃及貓以及泰國呵叻貓被傳播到美國，而土耳其貓也在此時被帶往英國。日本截尾貓則在1968年首次被帶到美國，然後在1970年代安哥拉貓以及新加坡貓也陸續被送往美國。在稍後緬因貓也抵達澳洲，並在當地發展為Spotted Mist，以及Ocicats再到達紐西蘭。

純種貓的散佈以及新的品種與不同毛色的發展在全世界各地仍在進行。現在已經有數以百計的純種以及數百種不同的毛色被培育出來。

貓展

歷史上第一個有紀錄的貓展是在西元1598年，在英國溫徹斯特郡的聖吉爾斯菲爾所舉辦。在19世紀時，由於貓咪的數量逐漸增加，貓展的頻率也

上圖：貓展是一個讓你了解不同貓種之間特性差異的最佳地點。貓咪是根據他們的身體狀況、頭型、被毛、眼睛顏色和形狀以及尾巴來被評分。

越來越高。在早期的貓展中，貓咪只是單純的被帶來並分別關進不同的籠子裡面，或者是在主人的懷抱中展示。而目前我們所常見的貓展形式，是由一位叫做哈里森•魏爾的英國人所想出來，就是將貓咪展示在放滿一長排桌子的籠子中。他所舉辦的第一次貓展被稱為「國家貓展」，是在1871年在倫敦的水晶宮所舉行，當時約有160隻的貓咪參加展覽。這個類型的貓展後來變得十分有名，而且成為了現今被使用的方式。

貓展現在已經成為一個經常性的活動，並且是純種冠軍貓

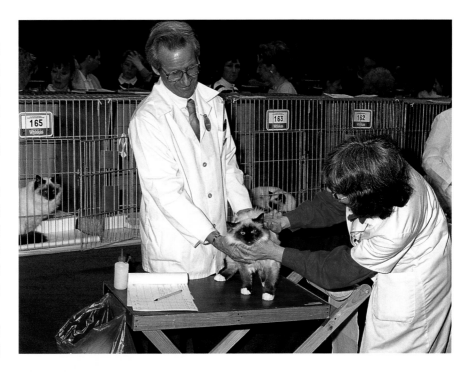

固定出現的場合。然而，現在有越來越多的貓展不強調純種的冠軍貓咪，並設有非純種貓的獎項，這樣可以吸引一般貓主人來參加展覽並爭取獎項。這樣的展覽促進了一些純種貓的領域對此潮流的意識，如知名的「玩賞貓咪俱樂部」等。

玩賞貓咪

在19世紀晚期，大眾在育種以及展覽方面日益增加，因此對於一種相關可以正式紀錄與認可新品種的組織，以及控制機制的需求也日益高漲。在1887年時，為人所熟知第一個此類性質組織「國家愛貓樂部」在英國成立，前述的哈里森•魏爾任職主席。此組織建立起了一些標準規章，以及一套如何認證純種冠軍

上圖：評審正在檢查這隻英國斑點貓的幼貓以及鑑定身上符合該品種貓咪的各項特性。即使是尾巴上的一點缺陷都會使貓咪失去資格。

下圖：這隻不喜歡被拘束在籠子裡的阿比西尼亞貓，很明顯的已經是貓展的老手了。

協會」（CFA）則是目前美國（甚至是全世界）最大的貓咪認證組織。

育種標準

　　大部分的國家中至少有一個（有的國家甚至有多個）組織機構來認證以及紀錄各品種貓咪的標準。在每個國家中，這類標準會被刊載於公開發行的刊物之中，而可供育種人士以及貓展的裁判閱覽使用。

　　不過並不是每個組織所條列出來的標準都是相同，而且在國與國之間也大都不盡相同。其中差異變化最大的則非美國莫屬。

貓咪與人們

　　在現代的社會中，寵物已經成為建立起「有品質的生活」許多項要素之一。

　　在過去的20年來，許多研究已經證實了擁有一隻寵物對精神上以及身體上的各種好處。這些好處演變成支持包括「動物協助運動」（AAA）以及「動物協助療法」（AAT）的立論基礎，並衍生出其他許多利用動物來協助各種疾病的治療計畫。在這些計畫中，主要的目的都是利用與動物的互動來幫助人們治癒身體上以及精神上的問題。

　　動物協助活動目前尚止於非正式的「見面與問候」方式進行，而且對人類所產生的助益目前還有沒有效的方法可以估計。

　　例如，像是帶著動物去拜訪住在安養中心或是醫院，而寵物在此的用途則是幫助特定族群的人們如

貓的機制。此組織稍後與另一組織合併成為「玩賞貓咪俱樂部」（GCCF）。在1983年，一個更健全的認證組織在英國成立：「英國愛貓協會」（CAB）。

　　在美國，第一個認證組織是美國愛貓俱樂部（ACA），建立於1899年。目前該組織依然存在，是美國當地數個類似組織的團體之一。而「玩賞貓

上圖：雖然你的貓咪可能有獵捕鳥類的天性，不過也不能因此而輕易斷言說家中的一隻鸚鵡相較於貓咪更具有強勢地位！

孤兒、囚犯以及正接受各種不同治療的人們來排解減緩寂寞、孤獨的感覺。

動物協助治療則是根據用來達成特定目標的正式計畫，以及由從事醫療或是社會福利方面的專業人士來製作成書面報告。這些人可能是醫生、職能治療師、物理治療師、精神治療專家、老師、護士、社工人員或是心理健康專家。這些動物可能是由專家們抱著，或是由專業人士指導下由志工帶著，例如範圍則可能從運動、口頭上的表達技巧、或是注意力等等。每個環節都有專人記錄其進步以及活動的過程。

例如，一位職能治療師可能會藉由貓咪的協助，讓患者抱住牠以促進手部活動的範圍。藉由撫摸或是抱住貓咪，他（或是她）可以獲得在活動能力上的進步。而每個環節上的進步都會由職能治療師加以紀錄。

在現今的工業社會，財富日漸增加，生育率日漸下降以及家庭關係的鬆散，都導致了寵物在家中所扮演比過去更為重要的心理學角色。許多夫婦都選擇不生育小孩，或是稍晚在妻子建立起事業基礎後再生育，對這些人們來說寵物就變成家庭中非常重要的成員。不過不管你的家庭是由哪些成員所構成，擁有一隻貓咪似乎還是可以提供你一些很重大的好處。

伴侶

對絕大部分的貓咪主人來說，飼養貓咪最重要的目的就是擁有牠的陪伴。「伴侶」的意義可以單純是指貓咪住在家中並在身旁，就像是一個我們可以傾訴事情的好伴侶或是朋友。如果你常常把貓咪當作一個人而跟牠說話，那絕不是不正常。大部分的貓主人也都做過同樣的事情。

當我們與貓咪說話時，我們都自然而然會使用我們與人類溝通的同樣方法和牠們說話。例如當我們要撫慰我們的貓咪時，我們會使用像「靈長類手勢」般伸出我們的手輕輕的去撫摸牠們，或是嘟起嘴來發出「輕柔的聲音」。

下圖：大約在7週齡後，幼貓就會完全的斷奶並開始學習吃固體食物，並能夠快樂的與人們互動以及準備好進入一個新的家庭。

舒適、支持與放鬆

　　舒適可能來自於貓咪對你所表示出來的感情，或是直接的身體接觸，例如牠用身體摩擦你，你撫摸牠或者是牠躺在你的膝蓋上。

　　我們大部分的人在遇到沮喪、傷心事情的時候都會需要撫慰，而家中的貓咪正可以幫助我們並振作精神。這可以解釋寵物對家中的年輕成員遭遇挫折時，對他（或她）有著重大的意義。尤其是當一個青少年遭遇人生中的重大困難時，家中的貓咪常可以提供他們情感上的支柱。

　　你的貓咪可以幫助你放鬆。在一些決定性的事實中可以證明，一個原本處在相當程度緊張情形下的人，當他的寵物來到他身邊時，心跳速度會減緩並且血壓會降低。特別是對那些工作壓力特別大的人來說，擁有一隻寵物也可能是一種很好的壓力管理練習。

　　而貓咪也可以提供我們精神上的保護。比如說，牠可以提供我們情感上的安全以能夠對抗不理性的恐懼，例如對黑暗的恐懼或單獨一個人的時候感到焦慮不安。

幫助建立新的友誼關係

　　有許多的證據都足以顯示一個喜歡動物的人比較容易喜歡他人，也比較容易建立起人與人之間的互動關係。因此如果你擁有一隻貓咪，你可能是個比較容易與他人建立起新的友誼，而且不太可能是個把貓咪當作替代或是分散人際關係替代品的人。貓咪也常是可以促進人們間相互關係的好媒介，而且也常常扮演了連接老年人與年輕人間的重要橋樑。

自我滿足與自我尊重

　　我們都需要感到對自己滿足。許多人是從我們成功的家庭人際關係、工作、運動或是其他休閒活動來達到。然而也有許多人是藉由擁有或是培育一隻貓咪所反射出來的虛榮心所達成。牠可能是某次貓展的冠軍貓，或者是非常稀有或是不尋常的品種。

　　你的貓咪不一定非得是某個貓展的冠軍。每一隻普通且平凡的「毛球」都有其獨特的外表與性格，僅僅是光看著牠以及知道牠是屬於你的，你就可以得到強烈的自我滿足。

　　不過對一部分的人來說，單純的只是照顧自己以外的另一個生命就可以發現到自我的價值，而且如果做得正確的話，還可以得到來自其他人的認同與讚美。

對休閒活動的幫助

　　貓咪是我們的休閒經驗中非常重要的一部分。貓咪是非常喜歡玩耍的，而牠們會刺激我們去和牠們玩耍。這可以幫助我們放鬆以及增添生活中的活動樂趣，以及從相對十分單調乏味的工作或是家庭雜務中轉移注意力。對許多人來說，很少有機會照顧貓咪的生活起居如餵食、為牠梳毛等等，而這些都可能成為休閒活動的一部分。

下圖：永遠上緊發條的鬧鐘正在放鬆——貓咪隨時隨地都可以放鬆卻又能馬上維持警覺的能力，羨煞了每個壓力大又過度勞累的貓主人。

的過程。藉由照顧貓咪的一生，他們也許可以由此學習到一些關於「育兒」的技巧。

以上這些事實說明如果家中飼養一隻貓咪，則可以讓你的小孩克服焦慮、控制對他人的攻擊性、發展自我意識以及學習如何處理人生中的問題。

一些研究中也發現，當雙親或是兄弟姊妹不在身邊時，小孩常會對他們家中的貓咪傾訴關於今天成功或失敗的事情。令人覺得有趣的一項紀錄是，小孩子中最能夠發展社交技巧及對他人產生同情心的，往往是那些花很長的時間與貓咪或是他們的祖父母相處與交談的人。

較佳的環境清潔

事實證明，那些家中有寵物的家庭，會比那些沒有的家庭更有衛生保健的意識。

治療學上的價值

你的貓咪可能還可以為你帶來其他許多好處。

就統計上來說你可能會：

- 比較長命
- 血壓相對較低
- 比較不容易有心臟病發作的傾向
- 壓力較小跟比較容易放鬆
- 情感上較為堅強，不易產生憂鬱的問題
- 變得比較有幹勁、有目標
- 比較不喜歡爭吵
- 比較不自我中心，會幫助他人
- 比較不會去批評他人

對老年人的好處

養一隻貓咪對於老年人來說特別的有好處，尤其是那些常常連自己都忘了進食的老人家。當餵食他們貓咪的時候，就會提醒他們自己也該吃飯了，而在吃飯之時，貓咪也會陪伴在他們的身邊。

許多老年人在進入老人安養中心時，如果能允許他們帶著他們的貓咪一起會更有好處，不過卻常常不能實現。因此現在已經有許多安養中心會養一隻或許多隻貓咪，以期望對老人們有所幫助。

對小孩的益處

大部分擁有貓咪的家庭同時都會有小孩子。我們也許會問一對正在組成家庭的夫婦，為什麼會選擇去再認養一個「非人類」的家庭成員，而通常所得到的答案並不是太明確。也許有人會認為擁有一隻貓咪當寵物，可以訓練小孩子有責任感：如果一個小孩能夠學習尊重並照顧好家中的寵物，就應該會有關心的態度去對待他身邊的人。

另外，養貓同時還有教育上的價值。如果你家的小孩能了解貓咪的身體構造狀況，以及如何處理健康上的問題以及疾病，他們會因此懂得如何去應付以後可能發生在他們身上的類似情形。因為一隻貓咪的壽命平均大約是15年左右，這剛好是你家的小孩成長到達成年的過程。而家中貓咪的一生正可以教導他們關於長大、學習、年老、生病以及死亡

上圖：暹羅貓是一種非常外向、容易與人熟悉甚至喜歡主人陪伴的貓咪——
他們甚至可以教會用拉繩牽著散步。

第二章

家中的新貓咪

如何選擇家中的貓伴侶

就像大部分的人們一樣,你會認為自己正在選擇一隻貓咪,不過不要忘了也有可能是貓咪正在選擇你。就在你經過一家寵物店或是動物醫院時,玻璃櫥窗中的那隻可愛小貓咪正用令人憐愛的大眼睛凝視著你。也許你以前曾經考慮過想要養隻貓咪,不過卻沒有認真思考過。而現在這個毛茸茸的小可愛,正在要求你帶牠回家。對你來說這是很難以抗拒。

許多小野貓也有著類似的做法。牠們會在住家的門口等候,或是在房屋的附近徘徊,甚至了解住家的伙食供應情形,然後贏得住家中人們的心而順利搬進去。

雖然有些附近的貓咪是用上述方法來選擇牠們的主人,不過大部分的情形仍是人們透過有計畫且謹慎的考慮,來決定選擇貓咪。

上圖:假如你想要的是一隻具有冠軍血統的貓咪,最好能確定是由信譽良好的商家所售出,而且盡可能的由全家人參與整個選擇的過程。
下圖:浪跡天涯無所託——貓咪會為你帶來許多關於生命的責任!

考慮的因素

- 為什麼你想要一隻貓咪？是準備當伴侶動物，還是作為參展或是繁殖育種之用？
- 你是否已經擁有其他種類的動物，而貓咪能和牠們和得來嗎？
- 你現在的居家狀況適合你所希望養的貓咪嗎？空間不大，高樓層的公寓可能比較適合慵懶的長毛貓，對好動的短毛貓可能會比較不太適合。太接近交通頻繁的道路也可能會縮短貓咪的壽命。
- 家中有誰負責照顧牠？即使貓咪是家中共同的寵物，仍然要確定至少有一個人負責貓咪每天正常的飲食，以及確保貓咪能夠按時接受必要的預防接種，還有定時的驅除腸內寄生蟲和身上的跳蚤。記得尤其不要相信家中小朋友答應照顧貓咪的承諾。
- 如何讓家中的貓咪與原有的其他動物相處融洽？家中的梗犬會不會欺負牠？原來就有的貓咪會不會視新貓咪為闖入者，而試圖將牠驅逐出去？你心愛的鸚鵡是否會變成貓咪的晚餐？庭院池塘中的魚兒是否還能像以前一樣過著平和的生活？

- 你的經濟能力能夠養的起牠嗎？貓咪在飼料上的花費雖然可能會比狗兒少，但還是需要一定的健康照顧費用，而這正是開銷較大的部分。
- 家中的成員是否有人有氣喘毛病？貓毛可能會引起許多人過敏性氣喘問題，所以在養貓之前請先做好調查。

到哪裡選購貓咪

在一些動物收容所或是人道救援機構裡，通常會有一些各個不同年齡層的貓咪可供你選擇。這些機構中都有聘請獸醫師，可以在你帶領養的貓咪回家之前做一些基本的健康檢查，而從這些機構所領養的貓咪通常也已經做過預防注射。

另外一個可靠的來源是動物醫院。他們常常會有一些熟識的主人在幫他們家的貓咪或是新出生的幼貓找新家。這些貓咪也大都已接受過必要的身體檢查，而獸醫師也會確保牠們有按時接受預防注射。

通常寵物店裡都會有一些貓咪等待出售。如果你打算選擇上述的來源購買的話，請挑選一家會讓他

上圖：比起幼貓，成貓要想找到新家的機率相對較小。然而對於一些不想與精力過剩的小貓打交道的老年人來說，成貓反而是比較理想的選擇。

下圖：有許多貓咪因被拋棄、無家可歸而面臨可能被安樂死。如果可能的話，可以嘗試由這類動物保護中心去尋找你想要的新貓咪。

們的幼貓接受獸醫師健康檢查合格的店家。以及如果貓咪尚未接受過預防注射，最好儘快讓他接受注射以確保安全。

如果你是經由報紙或網路的廣告去購買貓咪，請記得只有在他們願意讓幼貓接受獸醫師健康檢查並且合格時，才可以放心購買。

有時候貓咪也可能是某位親戚朋友所送的禮物。在這種情形下，送禮的人最好能夠在贈送之前就為貓咪做好所有需要的檢查，以確定貓咪是健康的。

純種或是混種？

如果你的興趣是在繁殖育種和參展上面，那麼選擇純種貓咪是唯一正確的方向。但是如果你對參展的興趣遠大於繁殖，那麼因為現在許多貓展中已經有所謂的「非純種組」，所以你不需要為了參展而刻意去擁有一隻具有冠軍血統的貓咪。

純種貓

根據你所居住的地區不同，你可能會有40種或甚至更多的純種貓咪可供你選擇，範圍從長毛種的金吉拉到短毛的英國短毛貓或是外來種短毛貓（Foreign亦被稱為Oriental）都有。如果你想擁有一隻更為與眾不同的貓咪，你也可以選擇挪威森林貓（Norwegian Forest cat）、土耳其梵貓（Turkish Van）或是挪邦貓（LaPerm）等品種。有些品種的貓咪（例如一些長毛品種或是波斯貓）更有著非常多樣的被毛顏色可供選擇，有時甚至高達50種以上。在許多相關書籍或是一些網站上都有詳細列出並說明這些品種以及牠們之間的差別，所以如果你想挑選這些貓咪的其中之一，請先做好你事前準備功課。

同時也請牢記，可以與你的獸醫師討論如何選擇貓咪。獸醫師會知道在你所居住的區域中，貓咪比較常發生的疾病或是行為問題是什麼，以及對一些不容易察覺的缺陷比較有概念。他們知道哪些寵物店的聲譽良好，以及哪些是惡名昭彰。通常針對後者獸醫師可能不願意直接說出店名，不過他們仍會給你一些建議和暗示。

挑選純種貓的好處之一，就是你可以針對牠的母親，甚至是父親的外觀長相有很好的概念。一些聲譽良好的寵物店會很樂意的讓你看看他們放貓咪的地方，以及讓你觀察貓咪的個性和健康情形。不要與那些捏造各種理由不讓你看貓咪的父母，以及不給你充分資訊的寵物店打交道。

就如同每隻貓都有他們各自不同的個性，不同品種間的個性也有所不同。舉例來說，一些長毛貓種（如波斯貓）是非常友善卻相對較不好動的，總喜歡蜷縮在溫暖的被窩中。有些貓種則對人比較疏遠，並且排斥太親密的擁抱。而暹邏貓（Siamese）與外來種短毛貓（Oriental）則更不容易使喚，也更為獨立。然而，不要將這些獨特的「貓咪作風」與個性不好混為一談，後者通常是會表現出攻擊性。一些個性不佳純種貓咪的情形，大都是因為貓主人太過於注重其外表上的選擇，而完全的忽略了性格以及其他特性的重要性。所以請小心注意這樣的情形，並且不要從類似的來源中挑選貓咪。

如果貓咪有著明顯的外觀缺陷，例如眼瞼內翻（特別在波斯貓以及一些外來品種上常見）都必須被避免。如果店家告訴你這類情形在該品種是正常的，那麼請小心謹慎，因為像是淚眼汪汪或是呼吸費力這類情形對店家來說是可接受的，不過這卻可能是潛在健康問題的前兆。如果對這些有所疑問，可以先與你的獸醫師討論，或者是將貓咪帶往動物醫院做詳細的檢查。

左圖：貓咪一天中會花大半的時間一絲不苟的整理自己身上的被毛，而且牠們的舌頭幾乎可以達到身體的任何一個部位。

右圖：呵叻貓是一種原產於泰國，非常古老的品種。

混種貓

　　絕大部分的寵物貓都屬於無法區分的混種，當你打算選擇此種幼貓時，你無法得到多少有關牠的血統以及父母的資訊。有時候你可能可以看到母貓，並從身上得到一些關於牠的性格和血統的可能概念，但是那對於想像日後牠的幼貓長大會怎麼是沒有多大幫助。每隻貓咪都是一個獨立的個體，這句話對此類混種貓或是「家貓」來說特別貼切。你看到的幼貓就是牠以後會長成的模樣。

　　雖然這樣說，但是實際上絕大部分的混種貓長大後都會成為最理想的居家伴侶動物。牠們的祖先都是強壯、敏銳，而且能夠很容易適應環境，才得以存活下來。而這也賦予牠們的後代一些優勢：具有多種混合基因的優點使得每隻貓咪容易存活以及繁衍子孫。

選擇幼貓或成貓？

　　許多由一般家庭所提供認養的混種貓，大約都是在6到8週齡的幼貓。在這個年齡剛好適合讓牠斷奶，並且能很快的融入新進入的家庭環境。不過在這個年齡時，可能幼貓還需要一些上廁所的訓練，並且大多尚未接受過任何預防注射。

　　相對來說，一個有責任心的育種人士，是不會讓他們的幼貓在未及12週齡之前便進入新的家庭環境。而在這個時間點，幼貓大致上已經完成了上廁所的訓練，以及接受過第一次的預防注射。

　　一隻幼貓也許會比成貓對你更有吸引力，而且可以滿足你從小開始養育一隻年輕動物的願望。不過你將會對他長大後可能的脾氣缺乏概念，但這部分則可能因為你養育照顧牠長大的方式，而使性格有所改變。經過正常的訓練，絕大多數的幼貓都能成為理想的家中伴侶。

　　當一旦決定是飼養幼貓或成貓，請記得在動物收容所裡還有一些年輕的成貓或是老貓正在等待一個牠們應該擁有的溫暖家庭。有些貓咪在用於育種一陣子後，也有可能因繁殖過剩而被結紮，當作寵物貓送出。無論如何，成貓的性格上還是比較被容易預測。

選擇性別

　　如果你希望購買一隻打算用來繁殖的純種貓咪，那你就應該選擇一隻母貓。一隻種公（雄性）通常都需要在限制的特定區域活動，而且因為發情季節的尿尿作記號的特性，使牠並不適合成為一隻家庭寵物。如果你對繁殖並沒有興趣，那性別相對就不是那麼重要。因為身為一個負責任的貓主人，你必須在幼貓尚未發情（或者，你領養的已經是成貓）之前安排為牠結紮。結紮過後的公貓和母貓在習慣行為上會有些許不同處，不過兩種都能夠成為令人疼愛的寵物。

右上圖：玩耍是幼貓身體與精神發展中一個重要的部分，藉由這些活動之中動物可以學習攻擊以及自我防衛。

左下圖：這個緬甸貓的育貓舍是依照著非常高的標準所建造，它提供了貓咪寬廣的室內空間以及戶外的居住空間。

○ 貓咪的頭部姿勢正常，不偏向一邊，且走路時沒有任何跛行的現象。

○ 貓咪沒有任何甩頭、打噴嚏或是咳嗽現象。

○ 貓咪的皮膚乾淨且健康，沒有任何紅腫疼痛、皮屑、泥土或是跳蚤排泄物。被毛乾淨有光澤，且經常梳理，無任何糾結或是脫毛現象。

○ 貓咪的眼睛、鼻子和耳朵並沒有不正常分泌物，且第三眼瞼（瞬膜）並未局部外露遮住眼球。

○ 貓咪的牙齒乾淨沒有任何牙結石。牙齦呈現健康的粉紅色，且沒有任何出血現象。

○ 貓咪腹部結實且無異樣膨脹，不會太硬或太鬆弛。

選擇個體

不管是挑選幼貓或是成貓，記得找一隻個性跟脾氣都能與你的生活習慣配合的貓咪。為了了解哪一隻貓咪合乎你的需求，你可能需要花一點時間試著和牠相處看看。如果和一隻成貓相處時，可以坐在牠身旁並試著跟牠說話，然後看看你跟牠之間的互動，並且評估貓咪在被觸摸或是擁抱時的反應。如果你看的是一整窩的幼貓，你可以試著依序擁抱每一隻幼貓看看。雖然並不常見，但如果一隻幼貓不正常的害羞，或是對同胎的兄弟有過度的攻擊性，將會在成年後仍繼續保有這些特性。如果該窩幼貓的母親也在現場，那可以試著觀察牠的脾氣與健康狀況作為參考。

○ 貓咪的肛門附近是清潔的，且沒有明顯可見的下痢痕跡，以及可見到條蟲節片（看起來呈米粒狀，會從肛門排出）。

○ 貓咪目前的飲食狀況皆紀錄且良好。

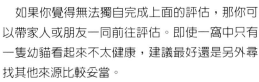

當你要檢查一隻幼貓或成貓的脾氣和健康情形時，你可以使用下列的檢查表：

○ 貓咪會慢慢接近你，而不是退開或者表現出攻擊性。

○ 貓咪是機警、活潑、溫馴且好玩耍的，而不是不活潑且昏睡的。

如果你覺得無法獨自完成上面的評估，那你可以帶家人或朋友一同前往評估。即使一窩中只有一隻幼貓看起來不太健康，建議最好還是另外尋找其他來源比較妥當。

一旦你確定了一隻特定的貓咪時，請確定牠的性別（幼貓時期性徵並不明顯）。

最後，試著要求約10到14天的保證期，並在這段期間將貓咪帶給你的獸醫師作完整的健康檢查。因為一些潛伏的傳染病都會在上述的時間內發作。

左上圖：因為眼睛和鼻子的分泌物可能暗示著某些問題的存在，因此最好帶你的幼貓前往動物醫院接受檢查。

下右：貓咪的尾巴豎起表示了牠的自信，以及互動的意願。

左下圖：沒有與人類接觸過的貓咪可能是多疑的，而且很不容易進行社會化。

如果你是購買一隻血統純正的貓咪，確定你所拿到的血統證明文件是正確的。如果購買時的條件有包括為貓咪結紮（以確保不私下繁殖），那店家很可能會先保留證明文件，直到你提供已經為貓咪手術的證明後才會交付給你。

該養一隻還是兩隻？

雖然說大部分的人都是考慮飼養一隻貓咪，不過大多有同時設想過同時養兩隻的情形。貓咪的確是種會享受獨居生活的動物，不過其實牠們也是種有社會性的動物。而且當主人外出不在家時，兩隻貓咪正好可以相互的陪伴以免寂寞。

如何使新貓咪與家中既有寵物相處

在你即將帶回你的第二隻（甚至第三隻）貓咪時，請先確認你自己熟悉貓的行為，包括威嚇以及攻擊性，訓練貓咪幾項基本原則（參見61～71頁）。有些貓咪可以很快接受新來的貓咪，尤其是隻幼貓（因為可能被認為具有的威脅性較小），但有些貓咪就沒有辦法。

你必須要以漸進的方式幫助新來的貓咪，使牠能夠慢慢的與你原有的貓咪（們）打成一片。例如先暫時將新的貓咪安置於分開的房間內，直到牠產生自信（特別是隻幼貓時）且其他的貓咪已經習慣了牠的存在為止。通常新來的貓咪都會感到不安跟

上圖：不管成貓或幼貓都不喜歡水，不過牠們卻很喜歡追蹤水中居住的生物。

恐懼，因為牠已經進入一個陌生且已經被其他貓咪所佔據（或是防衛）的領域。在餵食時讓牠們分開進食，以減少因為新貓咪而讓牠們感到被主人忽略加上競爭食物，而引起不必要糾紛。

如果你已經與擁有一隻狗兒，大致上的方法是和上述相同——漸進且不要讓牠感到威脅。如此一來，狗兒應該可以很快接受貓咪。有時一隻母狗可以很快接受一隻幼貓，而且與牠的互動可能比跟自己所生的幼犬還要好，甚至還進一步提供幼貓保護。確認你有花跟通常一樣（甚至更多）的時間去觀察注意照顧貓咪的狗兒，並且為牠良好的行為獎勵牠。

讓新來的貓咪與原有的鳥兒相處會產生許多問題。如果是跟寵物店購買的純種貓，牠可能從未體驗過鳥兒所帶來的視覺跟聲音體驗。雖然說狩獵與玩耍的本能可能會讓牠

對鳥兒有所行動，不過你應該可以很容易訓練牠去忽視鳥兒，甚至把鳥兒當成伴侶。然而，如果新來的幼貓是家庭中所飼養，而且有機會接觸鳥兒並練習狩獵牠們，或者是一隻已經懂得獵捕鳥兒的成貓，那危險性將提高許多。如果你發現有上述問題，最好是能夠與你的獸醫師討論。

金魚是另外一種可能受到新來貓咪威脅的寵物。如果是放置在有人工光源以及玻璃蓋子的水族箱中

左上、右上圖：金魚以及家中其他的寵物可能需要額外的保護 — 請確定牠們的籠子是鎖好的，另外避免將金魚放置在開放性的魚缸之中。

下圖：狗兒（尤其是母狗）可能會很樂意接受並且養育家中的幼貓。

就比較安全，但是如果一旦暴露在外，則很容易刺激好奇心強的貓咪並引誘她做出乎意料的動作。養在戶外魚池裡的金魚則更容易引起貓咪的注意，所以你可能需要訓練貓咪不去打擾牠們。另外有一些物理性的保護方法，如：魚池舖上一層網子，或是種植一些水生植物如荷花等－可以讓魚兒躲在葉子底下。

讓小孩與貓咪相處

如果你的家中有小嬰兒，你可能會比較需要去保護他（她）以免受到貓咪的騷擾。首先確定貓咪沒有辦法爬上小嬰兒的床，因為貓咪常有可能會跳到嬰兒的臉上並且抓傷她，或者是蜷伏在小嬰兒的臉旁邊影響到她的呼吸。

剛在學步中的孩子也可能會給新來的貓咪帶來一些問題，因為這年齡的孩子常會喜歡緊緊的抱住動物 － 通常這是一種極端不舒服（但不至於疼痛）的擁抱狀態。你必需要同時教導你的孩子與你的貓咪，使他們能夠從彼此之間得到快樂。

其實類似的問題也會發上在稍微年長些的孩子，尤其當貓咪是他們第一隻擁有寵物的時候。他們需要去理解新來貓咪的感受，並且知道如何讓牠遠離緊張和壓力，並且有屬於牠自己的時間。因為小孩自己也會有類似的感受，所以教導他們對待貓咪要像對待人一般，而不是把牠當作玩具或物品，這應該不是件困難的事。

下圖：當要選擇一隻幼貓時，盡可能試著在家中檢查整窩的幼貓。雖然說最小隻的幼貓可能看起來很可愛，但是卻有相當大的機會相對比較虛弱或是有疾病。其中最大膽、體型最大的才是最佳選擇。

第三章

如何照顧好
你的貓咪

新的貓咪，新的家

就理想狀態來說，每一隻貓咪都應該生活在一個有細心和足夠知識的主人溫暖家庭中。但事實上，許多貓咪常常被單獨留置在家中自生自滅，或是當主人搬家時，被當做無關緊要的家具般被遺留下來。如果你贊同擁有一隻貓咪是一種義務，而並非是一種權利，那麼你就得幫助貓咪去建立一個快樂且滿足的人貓關係，就像大多數人所做的一樣。

千萬記住不管是貓咪的脾氣，或是生活上的樂趣、健康情形或是牠的幸福，都是受到你以及你的家人對待牠的方式所影響。適當的照顧可以使貓咪為你帶來快樂，以及對你產生感情和忠實。許多貓咪在太陽西沉一天結束之時，都會熱切的期盼著主人的歸來。有些貓咪會陪著主人做個傍晚的散步，有些貓咪則藉由展示牠所捉到的獵物（如老鼠）等，來顯示出牠們對喜歡的人一種感謝。的確，不管你相信與否，貓咪真的是會對牠的主人表現出自己的忠實。

上圖：長毛貓也許抱起來很舒適柔軟，不過牠們也因此需要每天的梳毛——甚至每次花費20分鐘——以防止其被毛打結。

下圖：當你抱著你的貓咪時，記得一隻手放在牠的屁股下方以支撐其重量。

貓床以及床墊

市面上可以購買到非常多樣化的貓咪用床鋪，包括塑膠製品或是木製品，甚至藤製的或是綠豆殼填充的籃子，而且包括了可清洗的羊毛或是人造纖維墊毯。

如果你需要一種更便宜且同樣有效的東西，一個厚紙板箱切掉其中一面當做出入口，同樣是相當的合用。在箱子內舖上一層報紙，並且在最上面舖上一條可以清洗的毛毯。然而，請記住這類紙箱並不能有效的保持清潔和清洗，因此過一段時間就必須更換。

將紙箱放置於家中一個較為安靜、避開家人經常活動的區域、少人走動的角落，這樣貓咪便可以在自己需要時擁有點隱私。如果家中有間不使用的房間，那麼先暫時讓給貓咪1到2週的時間，讓牠慢慢的習慣於你的居家生活環境與及活動。

貓咪的排泄問題與貓砂

最重要的一點，貓咪使用的便盆必須容易清理。有些便盆具有可直接拋棄的襯裡，但其實報紙也具有同樣的作用，不過兩者的共同缺點就是必須頻繁的更換，否則會很容易產生臭味。最有效的方法就是使用市售含有吸收能力的砂狀物質（貓砂），這類成分可以吸收糞便或尿液所產生的臭味。在市面上也可以看見一些由木屑做成的貓砂，不過在效果上則遠不如前者。

將貓咪的便盆放置在一個安靜的角落，且能夠盡量遠離牠的床以及牠的食物，貓咪是不會在牠飲食的附近上廁所。

餵食用器皿

食物和飲水用的盤子必須是可以清洗甚至是可拋棄式的。你可以使用拋棄型的塑膠盤子，或是種類繁多的塑膠或陶瓷器的碗。一種餵食飼料和飲水的懸掛式餵食器，對於受過訓練的幼貓或成貓是理想的選擇。不過不管你使用的是哪一種器具，一定要記得定期的清洗或更換它們。

梳洗用器具

最基本的道具包括了一隻雙面的排梳，可作為理毛以及清除跳蚤之用。如果你所擁有的是一隻長毛貓，那你可能需要額外的道具如一隻鈍頭剪刀，可

上圖：即使你的貓咪很喜歡睡在你的床鋪或是沙發、椅子等之上，但是讓牠擁有自己的床還是很重要，以提供一個讓牠在生病或不安時覺得有安全感的地方。

一般來說貓咪多比較偏愛軟式玩具，因為可以用牠們的爪子牢牢抓住，硬式的塑膠玩具反而更容易被弄壞。雖然球可以滾動讓貓咪有機會去追球，不過大多數的貓咪似乎都對挑戰如何去抓住它比較有興致。

一些可以刺激視覺或是聽覺者會是非常好用的——你可以找一種有著鮮豔明亮色彩的「逗貓棒」，這是一些貓展人士常用來揮動它使貓咪能在裁判面前顯得活潑，或是可以讓攝影師抓住貓咪生動的樣子。

不管最後你買的是哪種玩具，請先確定它身上並沒有任何塑膠或是金屬小塊零件，以免被貓咪所咬下甚至吞下。

其實你並不需要花很多錢在玩具上。以報紙所捲成的小球，或是由碎布縫合打結組成的細繩結一樣可以達到效果，不過有不少貓咪會因為玩具太過人工化，而很快的就感到厭倦。雖然對一些敏銳的貓咪來說這類玩具可能不能持久，不過相較之下，一團的毛線或是羽毛說不定更具有刺激性。

以用來剪掉糾結的被毛。如果你對梳理貓咪被毛很熱衷，那你可以準備一條來擦拭貓咪被毛的鹿皮皮革。

項圈

如果你希望你的貓咪戴上項圈以當做身分證或是鈴鐺（用來警告庭院裡的鳥兒——貓咪的出現），則最好在牠剛進入這個新家時，就趕快讓牠習慣脖子上套上東西。

貓咪的項圈材質必須具有一定的彈力，以避免貓咪因項圈被勾住，無法脫困而餓死或是窒息而死。

玩具

當你進入一家寵物店或是超市的時候，常可見到一整排展示架的貓咪玩具，例如絨毛或是塑膠的球類。

貓抓板

磨爪動作——貓咪使用牠們的爪子來摩擦物品——並不只限於貓咪才會；獅子、老虎、豹以及其他種的貓科動物都有此一固定的習慣。

磨爪通常具有兩種功能性。第一是強調領域性，此時磨爪的記號可以被視為「貓咪的簽名」。而物品上面的抓痕是對其他貓咪要進入此一地盤時，宣示其本身領域的視覺象徵。而殘留在物品上

上圖：一套適合各種被毛長度的梳毛用具：橡膠梳、針梳、寬齒排梳以及密齒的蚤梳。

下圖：時常檢查貓咪的玩具，以確定沒有可以讓牠咬下或撕下的碎片，進一步防止貓咪吞下破片。

的氣味則是由腳掌上的腺體所分泌，這更進一步增強了留下記號的貓咪其象徵性以及確認性。

磨爪的第二個功能則是修飾，因為藉由磨爪的動作可以順便移除腳掌表面老化壞死的角質層，並且能夠維持爪子的銳利以及正常的功能。

貓咪需要磨爪的天性可能會為主人帶來一些麻煩，特別是如果沒有提供牠們適當的物品，例如像是貓抓板這類可以提供特殊功能的用具供其磨爪的話。

你可以購買市面上已經做好的貓抓板，然而這東西其實不過是用塊松木板然後包裹上一片地毯，毛衣等編織物甚至是樹皮而已。此一的抓板通常必須要有一個很重的底座，以避免在貓咪激烈的磨爪動作下翻倒。

有時候即使你已經提供了這樣的一個貓抓板，但是對貓咪來說似乎客廳的沙發還是比較具有吸引力──所以你還是需要有一點耐心來訓練你的貓咪（參見

69～70頁）。首先貓抓板必須被放置在靠近家具的地方，後者則必須被特別保護且警告貓咪以避免更進一步的損害。因為在磨爪過程中氣味會殘留在家具上，所以這些味道必須要用芳香劑或是除臭劑等加以掩蓋。而貓抓板則可以漸進性的從家具旁邊移開，並且放置在人和貓咪雙方都可以接受的地方。

上圖：獅子和家貓一樣，會藉由在樹木或是其他物體上磨爪留下記號來彰顯自己的地盤。
下圖：盡可能教會你的貓咪使用貓抓板（磨爪棒）──如果在讓牠習慣於磨家具幾年以後，才強迫牠改變習慣是非常困難。

貓出入門

如果你的貓咪被允許進入你的庭院或是花園,一個貓出入門是強烈建議使用的。不過有一個可能的缺點,就是在附近的野貓也有可能學會使用該門出入,而造成意外的困擾,並吃掉你貓咪的食物。

如果要避免此一問題,你可以選擇購買一種較為高級的出入門,這是需要讓貓咪帶上一種特別的電子「鑰匙」項圈,才可以出入該門。

攜帶用提籃

此類攜帶用提籃並不是必需品,不過用處卻非常大。提籃的種類相當多,從可摺疊的硬紙板製品(無法清洗並且有一定的使用壽命),到具有塑膠底盤跟不鏽鋼至上半部,或是完全模組化具有許多透氣孔以及前開式門的半永久製品。

帶你的新貓咪返家

如果你是帶一隻幼貓回家,大部分的情形是牠可能才剛剛離開牠的母親以及兄弟姊妹,而上述的陪伴關係需要被慢慢取代。而家中的一位或多位成員則必須扮演起代替母親及兄弟姊妹的角色,盡可能的抽出時間來陪牠。

漸進的讓貓咪體驗新的事物,並且盡量避免巨大且突然的聲響以減少貓咪的緊張。這通常需要數天的時間,才能讓一隻幼貓甚至成貓去慢慢習慣家庭環境中的聽覺和視覺的刺激。

上圖:確定你的貓出入門是位於門的下緣上來6公分(2.3英吋),這樣貓咪就可以直接穿越。

下圖:一個好的出外用提籃必須堅固又安全、通風良好而且易於攜帶及清洗。

食物與水

在剛帶貓咪返家的數天，你必須餵食你的新貓咪與先前主人相同的飲食，之後如果你有意變更，則可以在一段時間內漸進的慢慢加入你所希望餵食的新飼料，你可以每天漸進的替換掉四分之一左右的舊飼料，而慢慢以新的飼料來代替。

另外請確定每天都有供應貓咪清潔且新鮮的水。這點尤其在你餵食你的貓咪乾飼料時，更必須特別的注意。

安全

當準備迎接一隻新的幼貓回家時，先設想好家中的安全性，就像你迎接一個新生的嬰兒回家一般。

- 將家中所有的化學藥品及有毒性的清潔用品鎖上。雖然幼貓的好奇心遠不如幼犬強烈，而且比較不可能直接吃下有毒物質，但是考慮所有可能的安全措施仍是必要的。
- 確認沒有任何裸露或是外皮磨損的電線以避免幼貓去咬而觸電。
- 注意一些家中或是庭院內常見植物所可能引發的風險。
- 記得家中火爐濺出的火星或是菸灰都可能造成眼睛以及皮膚的燒傷。
- 在家中成員使用割草機、腳踏車、滑板、直排輪或是類似工具時，都要特別注意警覺。
- 在你移動車輛時，先注意貓咪所在的位置。
- 確認貓咪無法穿過圍起來的游泳池或魚池欄杆以減少意外。

可能從貓咪傳染的人畜共通疾病

有些貓咪的傳染性疾病，例如蛔蟲、錢癬以及弓蟲症等，可以傳染到人類身上。另外如果你的貓咪抓傷你，你有可能會因感染而得到「貓抓熱」。詳細的內容請參見84～95頁。請向家中每一位成員解釋可能的風險，並且維持最基本的衛生原則，例如經常洗手以及被抓傷後立即清理傷口。如果被貓咪抓的傷口很深，一定要接受醫生的診斷與治療。

下圖：地盤對貓咪來說是非常重要，而窗戶正好給貓咪一個很好的景點可以眺望牠的「領地」。

家中守則

　　身為家中的一份子，你的貓咪也必須學習遵守家中的規矩。因為貓咪相較於狗兒較為獨立且孤僻，所以牠們比較難像狗兒一樣接受「團體」的規矩。然而牠們仍然會學習遵守主人的命令以及接受家中的人類成員才是支配者的事實。

　　教導家中的幼貓或是成貓最基本的家中守則，例如不可以跳上廚房的流理台或是餐廳的餐桌，不可以到桌子上來乞求食物，以及不能什麼事都照著牠的要求來做。

如廁訓練

　　貓咪是種天生愛乾淨的動物，如果你提供了貓砂盆供其使用並放在遠離食物的位置，成貓通常可以很快的學會如何使用。然而幼貓就必須教導其如何使用貓砂，你可以試著在貓咪似乎有上廁所的跡象時，將牠們放在砂盆中。最好是在預測牠們可能會想上廁所時就做此動作。而貓咪通常會在剛起床或是進食完畢後馬上想上廁所，而你只要於此時將牠們放置在貓砂上，牠們就可以很快的學會此一習慣。

地盤

　　你的新貓咪或是幼貓必須要先學習關於你的地盤大小，然後接下來需要去認識其他的貓咪，以及牠們所擁有的地盤。

　　一開始時先將你的貓咪關在你的家中（如果有必要，甚至是單一房間中）直到牠認為安全為止。然後在你認為安全的情形下，讓牠試著出門去探險。試著讓牠自己去建立自己的地盤，以及去嘗試和其他貓咪建立和平關係甚至友誼。有些貓咪可能已經認為你的庭院或花園是牠們的地盤，而且對你家中的新貓咪顯示出強烈的排斥。這時你可能需要藉由斥退其他闖入的貓咪，來幫助你的新貓咪建立以及防禦牠的新地盤，不過在多數的情形下，良好且持久的解決方法，還是讓貓咪牠們自己去解決這些問題。在一段時間內可能暫時有些吵鬧，不過若順利的話，這將維持一小段時間；倘若非如此的話，則貓咪將會因打鬥而受傷。

預防注射

　　通常開始為貓咪著手進行預防注射計畫，以對抗某些病毒性疾病如貓流行性感冒的年齡約為9到12週齡左右，不過在某些特殊情形下，預防注射可以提前至6週齡左右便開始。

　　如果新養的貓咪是隻血統純正的名貓，那牠有可能已經完成第一年的所有預防注射計畫，而從一些收容中心收養的成貓大多也應該完成了預防注射。另外貓咪可能需要另外接受的預防注射，是針對貓白血病的單劑疫苗。可以洽詢附近動物醫院的獸醫師，以了解所居住的地區需要什麼樣的預防注射。

上圖以及下圖：貓咪藉由在家具或是壁紙上留下磨爪記號，或是用頭或臉在物體上面摩擦以留下皮脂腺中的氣味，來彰顯牠們的地盤。

去勢

去勢

不管何種性別，去勢的貓咪反而是最佳的寵物。既然現在已經有數以千計遭棄養的貓咪需要一個家，所以除非你的貓咪具有冠軍血統和家世，請不要再讓牠們繁衍下一代了。

你不妨直接詢問附近的動物醫院有關你的幼貓適合接受手術的年齡。一般來說動物醫院大都會建議母貓至少在24到30週齡以後進行手術，也就是牠們的第一次動情週期（一般稱發情期）來臨之前。第一次發情期平均大約都會在6個月左右發生，不過有些特定品種（例如暹羅貓）的個體，會早在4個半月時就開始「叫春」。不過有的貓咪則會遲至9個月，甚至更晚才開始第一次發情期。

公貓的話可以早在16週齡時便可為牠施行手術，不過大部分的獸醫師應該會建議至少延後到6個月大時再做。因為他們相信這樣可以讓連接膀胱以及陰莖的尿道部分有更多的時間發展成熟，這麼一來就可以減少尿道本身可能發生阻塞（FUS，貓泌尿道症候群）的情形。公貓則最好是在9個月前就完成去勢，因為這樣可以阻止牠們完成公貓個性的發展，比如說到處流浪或是打架等等。

寄生蟲感染

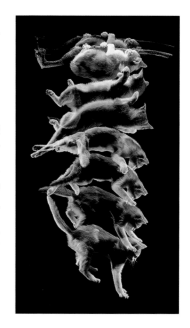

許多種類的寄生蟲都可以感染幼貓以及成貓。當你得到一隻新的幼貓或是成貓，牠們有可能已經驅過蟲。如果沒有，那可能需要服用驅蟲藥。不論是哪一種情形，當你接回新的貓咪時，先跟你的獸醫師討論所住區域需要預防何種寄生蟲，以及需用何種用藥和使用頻率如何。如果需要更進一步的資訊，請參見本書第93~95頁。

跳蚤控制

跳蚤是在不管幼貓或是成貓都很常見的問題，而且應該在你將貓咪帶回家之前就必須要給藥治療驅除乾淨。不過即使如此，貓咪仍需要進一步的定時處理以預防跳蚤的傳染。如果需要更進一步的資訊，請參見本書第92頁。

運動

不管是幼貓或是成貓大都是牠們自己運動，而你也可以介入牠們的玩耍以促使牠運動。如果你的貓咪變得很懶惰，你可能需要鼓勵牠玩耍。

訓練

關於貓咪的基礎訓練，大致上只包括上廁所訓練以及遵守家中的規矩。另外訓練你的貓咪習慣在旅行中待在貓籠中也會有所益處，而且會習慣跟你分開的時間。以後如果有必要帶牠去動物醫院或是寵物店寄宿時，貓咪也會比較不容易沮喪跟緊張。而且這種訓練對於特別容易害羞或是緊張的貓咪會特別有用。

上圖：這並不是「外婆的童話故事」——貓咪擁有感覺與平衡力使牠們能夠在墜落中以腳著地。
下圖：雖然貓咪是一種比較獨立不合群的動物，牠們還是會享受有其他貓咪的陪伴，尤其是當牠們是同時被扶養長大。

首先，你必須先讓貓咪習慣待在外出用的手提籃中，接下來則試著將牠單獨留在房間中的貓籠裡幾分鐘，然後將貓咪帶到外面並給牠飼料或是小餅乾做為獎勵。慢慢的延長讓牠待在貓籠裡的時間，直到貓咪能夠習慣留在貓籠裡超過一小時以上。

接下來，將貓咪裝在貓籠中，並將牠帶到停在外面安靜場所的汽車上。記得一定要確定車上有足夠的通風。將貓咪留置於車上一段時間，然後將牠帶回家裡面來，並給牠獎勵。

慢慢的增加你將牠留在車上的時間。最後，如果你有可以信賴的親戚，朋友或是鄰居，將貓咪留在貓籠中與他們相處一段短時間。這樣可以訓練你的貓咪習慣於你分開，並且了解你很快會回來。

寵物的貓咪可以被教會（有時是牠們自己學會）一些小把戲，例如抓住門的把手將門拉開。

如果你看過一些寵物食品的電視廣告，或是電影和錄影帶，你就會了解貓咪是可以被訓練來表演的，不過那就是屬於專業的領域了，而且你恐怕不會想要去嘗試。如果你真的有心一試，那你可能需要聽取一些專家的意見。如果想要知道更多關於貓咪訓練和行為方面的資訊，請參見本書的第61～71頁。

長牙

在14週齡到6個月齡之間，幼貓的乳牙（非恆久齒）會漸漸的脫落，然後由恆齒取而代之。脫落的順序通常依序是門齒、小臼齒、大臼齒、犬齒這樣的排列。

你的貓咪大概都可以順利度過這個階段，甚至不會引起你的注意，通常也不需要任何飲食上的特別幫助。然而，如果牠看起來在進食上有些問題，可以提供牠較軟的食物如罐頭等。如果這樣並無法解決問題，請與你的獸醫師討論。

牙齒保健

對貓咪來說，就像對人類一樣，包含了許多乾燥或是需要咀嚼食物的正確飲食都可以幫助保持牙齒的清潔，以及保持牙齦健康。然而，牙結石還是會逐漸的累積在牙齒表面，特別是隨著貓咪的年紀增長而惡化，因此必須要經常性的檢查牙齒狀況。

清理被毛

貓咪通常都會自行整理牠們的被毛以保持清潔，並可以同時調節身體溫度。因為身上厚重的被毛，貓咪的汗腺不可能像人類的汗腺這麼有效。在炎熱的天氣或是劇烈運動過後，貓咪無法經由排汗散發掉足夠的熱，所以牠們就以將唾液舔在被毛上的方法來代替：就由唾液的蒸發帶走熱以保持貓咪身體涼爽。這正解釋了為何在曬過太陽以及玩耍或打獵等劇烈運動後，貓咪會花更多時間來梳理自己。

舔舐被毛同時也可以刺激位於皮膚上的皮脂腺。這些腺體會分泌出一種油狀液體可以使貓咪的被毛防水——該液體同時也含有維生素D，之後便會被貓咪所吃下。

左圖：耐心與練習可以教會你的暹羅貓、緬甸貓或是俄羅斯藍貓學習用拉繩牽著散步。

右圖：貓咪梳理被毛可以保持自己的乾淨與被毛光亮，同時也可以刺激血液循環。

大部分的貓咪都很少需要主人來幫牠們整理被毛。然而，也會有些比較懶惰的貓咪，花在整理被毛上的時間並不足夠。你可以藉由將一小部分的奶油塗抹在貓咪的被毛上，來誘導牠自己整理被毛。

有些貓咪無法順利的整理自己的被毛，可能是因為被毛過長或是年老體衰。你可能需要花多一點時間為牠們作梳理。

梳毛以及整理

首先必須讓你的貓咪習慣被人抱住並且梳理被毛。成為貓咪每天的固定習慣，將牠輕柔的放置在桌上一個不滑溜的表面（例如舊的地毯或是類似東西），然後翻身檢查貓咪的嘴巴、牙齒、眼睛、耳朵、腹部以及腳掌。

雖然貓咪其實可能不需要常常梳理，不過你還是要照常進行上述程序。這可以幫助訓練你的貓咪，並可以使你很快的找到跳蚤或是跳蚤糞便，以及任何皮膚或被毛的問題。試著讓貓咪在每個過程環節都感到愉快，並且在事後因貓咪的行為規矩而撫摸牠或給牠獎賞。你的最基本梳毛工具必須包括排梳、針梳，梳毛用手套、海綿、綿球、吸水毛巾以及鈍頭剪刀還有（如果你希望）指甲剪。

貓咪用的梳子有許多種類，有些有比較長的齒，適合用在被毛柔軟且較長的貓咪身上。有些則有著不同長度的齒，還有一些則是有著間距極密的齒（如蚤梳）。另外有一種特別的梳子（俗稱針梳），則是被設計用來移除較厚的底層脫落廢毛。而那種間距較密，適合其他種被毛的梳子，則是設計來除去如耳朵、尾巴、腳上的被毛糾結處。

當你在為一隻長毛貓咪梳理被毛時，請特別注意腳部以及尾巴的部分。被毛糾結常常發生在貓咪並不容易梳理到的部位，比如說兩側腋下部位以及腹部靠近鼠蹊部的地方。同樣的必須檢查牠的腳掌、趾甲以及腳底的肉墊。在長毛的貓種，被毛有可能因為過長而遮蓋住腳底肉墊。這時則可以使用外科手術用的彎型鈍頭剪刀來修剪腳底毛。另外記得檢查尾巴下方的被毛，清潔並修剪掉肛門部分多餘的被毛。

另外，你可以使用溼的棉球來清理貓咪眼部所生的分泌物。

下圖：當為貓咪梳理被毛時，記得將牠放置在一個不光滑的表面，例如一塊地毯上。

寵物美容師與寵物美容院

有許多冠軍品中的貓咪，特別是長毛貓種，都需要頻繁的梳理被毛如果你清楚的知道該如何整理，而且有足夠的時間來做，則你可以選擇自己動手。如果答案是否定的話，那就讓專家來做這項工作。

如果你真的有打算學習自己整理，可以向附近的寵物美容院或是動物醫院打聽關於美容學校的課程以及相關細節。

洗澡

如果你一直都有經常的替貓咪梳毛的習慣，那你只需要在貓咪弄得特別骯髒或是味道特別重時，或者是在貓咪參展期間，才需要替牠洗澡。

記得在洗澡前，一定要為貓咪做一個全身性的梳理。使用溫熱的水，因為這對貓咪來說比較舒服，另外請使用正確的貓用洗毛精替貓咪洗澡。記得在洗澡過程中，不要讓洗毛精流入任何身體的開口處。幫貓咪全身搓揉，並特別注意於前腳和後腳跟身體之間的區域。

當貓咪身上未乾時很容易因此感冒，所以確定在洗完澡之後一定要完全擦乾，你可以使用特別的吸水毛巾。或者如果你比較偏好使用吹風機，將你的手指深入被毛間搓揉，以確定被毛是否仍留有溼氣和確保吹風機所吹出的熱氣不至於過熱。

趾甲

貓咪的趾甲就像人類的一樣，也是持續不斷在生長。貓咪的磨爪做記號的動作通常就足以磨損趾甲並維持應有的長度，不過在有些例子中趾甲仍需要用指甲剪來予以修剪。你可以試著自己做這項工作，或者是傾向交給獸醫師或是寵物美容師來做。

左圖：有些貓咪很能忍受洗澡的感覺，特別是如果在幼貓時期就輕柔的讓牠習慣洗澡的過程。在洗完澡之後切記要幫貓咪全身吹乾，否則貓咪很容易因此而感冒。

右圖：當貓咪在樹上磨爪時，老舊的趾甲外殼可能會脫落並留在樹皮上。

與你的貓咪一起旅行

當你要帶著你的貓咪離家外出時,請確定貓咪帶著項圈上緊緊的綁住寫有你姓名及電話的牌子,或是身上植有電子識別身分的晶片(一種更便宜、更有效率且日漸普及的高科技產品可以用來尋找你的寵物)。

在自己車上

如果可能的話,從幼貓時期就開始訓練你的貓咪能習慣坐在車上旅行。早期的訓練可以減少牠在坐車時所產生的恐懼感,以及車輛移動中所可能發生的暈車現象。

在車中千萬不可以讓貓咪有完全的活動自由。因為這樣牠可能會對駕駛者造成干擾而導致發生事故,而且貓咪也很可能會在事故中受到傷害。如果為了貓咪的自身安全著

想,則牠應該坐一個塑膠或是金屬的旅行用貓籠中,並且以安全帶牢牢的固定在座位上以預防事故的發生。

如果你跟你的貓咪很可能需要常常旅行,那就盡可能訓練你的貓咪可以習慣在貓籠裡的感覺。這類貓籠到最後甚至可以成為牠在家中地盤的延伸,而貓咪可以舒服的坐在裡面,而且很樂意的霸占住貓籠。這類貓籠通常也被參加貓展的人用來展示他們的貓咪,而且成為一個可以提供貓咪安全、隱密的「私人空間」理想選擇。一旦貓咪習慣了這個旅行貓籠,則貓籠就可以跟貓咪一起到任何地方,提供牠一個「出外時的家」。

如果你必需將貓咪單獨留置車上,請先確認車子是否停在有陰影的地方,並且車內有足夠的通風。因為在太陽底下時,車內溫度很快就

上圖及下圖:如果從幼貓時期便開始訓練,許多貓咪都能習慣旅行。如果你的行車時間超過一小時,最好設定中間休息時間讓你的貓咪進食、飲水以及上廁所。

有可能會超過攝氏40度（華氏104度），貓咪很快就會發生中暑現象。還有千萬不要有想當然爾的認為停在陰影下的車會持續保持陰涼：因為太陽的位置一直在改變，一個原本有庇蔭的位置可能因為時間關係，而變得完全暴露在大太陽下。有一些特殊的遮陽廉可以被固定在開啟的窗戶上，可以保障車內安全又兼具充分通風的功能。

休假時期

首先確定貓咪的預防注射並未過期，因為在假期中遭到疾病傳染的危險性，可能遠比在家裡附近感染嚴重得多。另外有數種體外寄生蟲，如壁蝨等有可能會趁機出現，因此最好是能每天為貓咪全身梳理一下，以順便檢查皮膚，提早發現此類寄生蟲的存在。

如果你持續待在同一個地方，可以向附近的獸醫院洽詢相關資訊。

在巴士、火車或飛機中

如果你是要搭乘某些商業運輸工具，你的貓咪可能會被要求必須被分開關在另外的籠子裡。如果沒有經過習慣待在籠子裡訓練的話，貓咪很可能會覺得害怕，所以如果預期會有這類需要，先訓練牠能夠安靜的待在自己的籠子裡，並為牠準備熟悉的玩具以及床墊毛巾。

在搭乘交通工具的6個小時前，就不要再給你的貓咪任何食物。如果貓咪曾經有移動中暈車或嘔吐等情形時，事先與你的獸醫師討論處理方法。

海外旅遊

出國旅遊時通常需要一些貓咪的旅行相關文件，就像你為自己準備的一樣。由於每個國家的規定都不盡相同，因此出發前先確定你要前往的國家對這方面的相關規定。你可能需要獸醫師所開立的證明書，以確保你的貓咪適合旅行，而且沒有任何傳染病帶原的可能。另外你可能也需要尚在有效期間的狂犬病疫苗注射證明。有許多國家會要求這類文件需要用他們的語言文字書寫。

有許多地區是狂犬病的非疫區，包括英國以及一些歐洲國家。還有某些島嶼如夏威夷、紐西蘭、澳洲等也是非疫區。有些國家會在貓咪入關時要求隔離檢疫，不過大部分國家僅會要求充分的證明文件，如晶片注射證明以及血液檢查報告（參見下一段的「寵物旅行計畫PETS」）。

當你要計劃這樣的海外旅行時，請洽詢該國的大使館或領事館以得到相關資訊。通常在網路上也可以找得到此類的資訊。

如果出國旅程中會需要你跟貓咪分開，則建議施行「在巴士、火車或飛機中」該段落中所提供的訓練計畫（見上文）。

寵物旅行計畫（PETS）

一個套關於簽署「寵物護照」的計畫在西元2000年後半已經被引進英國。在這套計畫，貓咪或狗兒由不列顛群島出發前往特定的西歐國家再返家時，回程便不必接受長達6個月的隔離檢疫。不過主人必須選擇被指定的交通工具以及由特定的地點入境。在此寵物旅行計畫下，則不允許使用私人船隻或是飛機來帶回寵物。

如果狗兒和貓咪是居住在幾個已經參加此計畫的特定歐洲國家，則也是可以被允許進入英國。在本書出版時確認的國家有：安道耳、澳洲（僅限導盲犬）、奧地利、比利時、丹麥、芬蘭、法國、德國、希臘、冰島、義大利、列支敦斯登、盧森堡、

上圖：想要讓你的貓咪能夠跟你一起出國旅遊需要非常多機構組織的努力，甚至包括確定你貓咪所待的籠子是合法適用的。

摩納哥、荷蘭、紐西蘭（亦僅限導盲犬）、挪威、葡萄牙、聖馬利諾、西班牙、瑞典以及瑞士。

居住於英國地區的貓咪

在英國地區居住的貓咪如要申請「寵物護照」，首先必須在皮膚下植入晶片的證明。當貓咪至少滿3個月大時，必須經由合格的獸醫師進行狂犬病預防注射。預防注射經過一段時間後（理想狀態約為30天），再由獸醫師抽取血液樣本，並送交由國家認可的實驗室化驗。當血液樣本通過檢驗後，將會由獸醫師開立健康證明書或是寵物護照。

在預計回到英國的24到48小時前，貓咪必須先經過治療以確定沒有某種特定的條蟲以及壁蝨感染，以及有政府核可的獸醫師所開立的健康證明。

不過即使接受過一次的狂犬病預防注射，仍需要每年度的預防注射補強以維持免疫力。

居住於特定歐洲國家的貓咪

如果是住在某些特定歐洲國家的動物，只要遵守與英國居住動物相同的規範，就可以有資格進入英國。然而，他們的主人卻必須等待抽血採樣完成後6個月以上，才有辦法提出申請。

居住於加拿大和美國的貓咪

由於北美洲長期以來都是狂犬病的疫區，原來的寵物旅行計畫（PETS）並不將來自美國與加拿大的貓咪列入計畫範圍。截至本書出版時為止，這個地區的貓咪進入英國時，仍要接受長達 6 個月的隔離檢疫。目前的這個現況將在計畫結果評估為成功時，才會再重新檢視許可進入的區域範圍。

居住於狂犬病非疫區島嶼的貓咪

如果計畫證明成功，所許可區域將逐漸擴大。在出具由獸醫師簽署的相關文件以及航空公司的許可後，貓咪跟狗兒便可以在這些狂犬病非疫區的特定島嶼和英國之間往來。

寄宿機構

大部分的貓咪在寄宿機構中都能夠很快的適應環境。寄宿機構設施並沒有一定標準，而通常（但非絕對）跟你所花費成正比。所以如果你所支付的費用越高，所得到的品質與舒適度、服務自然也該符合你所期待。一個有聲譽的寄宿機構通常都會允許你先參觀相關設施。如果你打算讓貓咪寄宿，請先對工作人員陳述將要住宿貓咪的個性，以及餵食、梳理被毛和運動的習慣。

通常在附近的動物醫院多半本身即有提供，或是你可以請獸醫師提供你此類相關機構的聯絡資訊，並建議事先做好預防注射的準備。通常聲譽良好的寄宿機構都會要求寄宿的貓咪提出尚未過期的預防注射證明以避免傳染病發生。

寵物保母

如果你不認為讓你的貓咪住進寄宿機構是個好主意，那麼你可以考慮雇用一位寵物保母，或是臨時管家來同時照顧你的房子以及貓咪。你的獸醫師可能也可以提供類似的資訊。

右圖：在你將貓咪送至寄宿機構之前，先行參觀一下他們的設施檢查是否清潔及空間是否足夠。

第四章

營養

均衡的飲食

就像所有的動物一樣，家中的貓咪也需要相當均衡，且含有足量所有必須營養素的飲食。這些營養素包括水分、蛋白質、脂肪、碳水化合物、礦物質以及維生素。

生活於野外的貓科動物成員，如獅子、老虎、印度豹以及歐洲野貓等，都是屬於肉食性的動物。這些動物都是靠著獵捕其他的各樣野生動物為食，範圍則小至蜥蜴以及鳥類，大到羚羊等草食動物。牠們不只是吃肌肉等部分，而是把整隻獵物幾乎啃食殆盡，至少幾乎完全啃食，包括毛髮、皮膚、羽毛等，以及內臟部分如肝臟、腎臟以及腸子。這樣的飲食包括了大量的動物性蛋白質，然而也提供了牠們所需的其他所有必須營養素。

為了維持身體健康，家貓必須餵食富含動物性蛋白的飲食。這是因為牠們需要一種叫做牛膽酸的特殊胺基酸（蛋白質中的鍵結成分之一），可以幫助貓咪預防心臟以及眼睛的疾病。富含牛膽酸的胺基酸在動物性蛋白中的含量相當多，可是在植物性蛋白中僅含有很少的量。

因為狗兒能在身體內自行製造大部分的必須胺基酸牛膽酸，貓咪僅能自行製造少部分，而這些並不足以應付牠們的所需，植物性蛋白質中所含的蛋白質含量也無法滿足其需求。因此狗兒能在僅餵食素食的情形下保持健康，但貓咪就沒有辦法做到。

由於此一理由，貓咪被稱為完全肉食性動物，因此牠們一定需要攝食一些動物性蛋白質以維生。

水分

水分是貓咪飲食中最重要的成分。雖然動物可以在喪失50%的蛋白質以及體內脂肪下依然存活，但是即使只喪失10%的水分都會導致嚴重的疾病，如果水分喪失超過15%則可能會導致死亡。

動物可以經由三個方法得到水分。直接飲水攝取、從攝取的食物中獲得水分，以及在身體將蛋白質、碳水化合物、脂肪經化學變化轉化成能量時產生水分。

貓咪的每日水分所需量（以毫升ml計算），約略與其每日所需的能量（以千卡Kcal計算）相等（參見47頁表格）。正常的貓咪每日每公斤體重大約需要65~70毫升（約4大湯匙）的水分，而一隻活動量大的貓咪大概需要到80毫升（約6大湯匙）左右。

上圖：不像野外的獅子，可以靠著獵捕多種獵物並且吃掉牠們身上大部分的部位來確保飲食的均衡，家貓絕大部分都須依賴人類所提供的飲食。

上圖：這隻獵豹可以靠著咀嚼生肉以及骨頭來保持牙齒及牙齦的健康。家貓同樣的也需要靠咀嚼來維持口腔健康，這同時也是計畫你的貓咪飲食時的一個重要考量。

脂肪

　　脂肪和油脂類都包含了稱為「脂肪酸」的成分，有些種類脂肪酸在身體的內在功能以及皮膚的健康上扮演了很重要的角色。它也扮演了在體內攜帶脂溶性維生素（如維生素A、D、E和K等）的角色。同時脂肪也是供應熱量的重要來源（在相同重量下，脂肪所提供的熱量是等重的碳水化合物或蛋白質的兩倍）。

　　如果貓咪飲食中攝取的熱量含量超過其身體所需，則會將其轉化成脂肪儲存於身體中的許多部分，例如皮下或是小腸的四週。這些脂肪就像預先存起來的燃料一般，可以在需要時消耗以供應不時之需。

碳水化合物

　　由植物所製造的碳水化合物包括醣類、澱粉以及纖維素。醣類又分為許多種，其中又以葡萄糖跟蔗糖兩種最簡單，也最容易被吸收。牛奶中也含有一種稱為乳糖的醣類，不過許多成貓都無法完全的吸收──因此一種特別處方的低乳糖甚至是無乳糖的動物用奶粉可以在寵物店或是超市買到。對貓咪來說，最有用的飲食碳水化合物來源之一就是米飯。

礦物質

　　就像其他動物一樣，貓咪必須攝取多種不同的礦物質，以確保身體機能正常運作。有些種類相對要求的量比較高，另外有些被稱為「微量元素」者，則只需要非常小的量。礦物質中最重要的兩種為鈣和磷，關係到骨骼和牙齒的生長與形成。礦物質也在促進身體組織如肌肉、韌帶、皮膚的生長與修復，紅血球以及白血球的形成，還有多種消化過程中都扮演著重要的角色。

維生素

　　某些維生素對身體機能的正常運作扮演了重要的角色。維生素中的維生素A、D、E、K四種屬於脂溶性的維生素，所以飲食中的脂肪跟油就是這類維

蛋白質

　　蛋白質的來源分別來自動物（動物性蛋白質）以及植物（植物性蛋白質）。蛋白質也分為許多種類，其中含有各自的特殊胺機酸組成，這些組成胺基酸提供了生長以及修復身體組織的所需。

　　隨著蛋白質種類不同，消化難易度也不同。最容易消化的，是由動物性來源所取得，如肉類、蛋類以及起士。最不容易消化的則是由植物取得的蛋白質，如穀類以及蔬菜類。大部分的家貓可以餵食含有大量動物性蛋白質的飲食。貓科動物也會攝取一些植物，例如來自獵物腸胃中所含的，或是自行攝食一些特殊的草類植物，但是這些植物性蛋白屬於貓咪飲食中相對較不重要的部分。

　　當貓咪自行攝取一些野草類時，牠可能是在攝取一些纖維以幫助消化。有時貓咪會在吃草後不久隨即嘔吐，帶出一大團混合著黏液的草，所以吃草可能是貓咪去除掉胃中過多黏液很好的方法。

生素的良好來源。維生素A與D在骨骼生長上扮演了重要的角色。維生素E則在正常肌肉的功能上有著重要地位。另外如維生素B群以及維生素C，則屬於水溶性。維生素B群扮演了與胺基酸、脂肪、碳水化合物代謝有關的多種不同功能。維生素C則是與傷口癒合、防止微血管出血以及維持健康皮膚以及預防壞血病有關。貓咪跟狗兒一樣，身體都有自行製造維生素C的能力，因此不必像人類一樣，要從飲食中補充維生素C。

纖維

來自於植物的原料（通常是由吃下的獵物中攝取），纖維並未提供貓咪任何營養素，不過卻在消化上扮演了很重要的角色。它可以促進腸道的蠕動，吸收消化過程中所產生的有毒副產物，加快食物通過腸道的速度。

熱量

熱量通常是用卡（卡洛里）來計算。熱量一般不被當成一種營養素，不過卻是貓咪從牠吃的蛋白質、脂肪以及碳水化合物所取得的「燃料」。貓咪需要足夠的卡洛里來滿足其一天熱量所需，而所需要的量則視體型以及狀況而有所不同。成貓一般來說體型跟體重的差別範圍比較沒有像成犬般巨大。雖然說品種跟個體之間都有差異存在，不過大部分的家貓體重大約是在2.5公斤（5.5英磅）到5.5公斤（10英磅）之間。不愛運動坐在家裡的貓咪，所需要的熱量會比好動一天到晚往外跑的貓咪來得少。熱量的消耗也隨著環境的溫度變化而有所不同，寒冷氣候時會需要比天氣熱的地方來得高。在一些情形如懷孕晚期或是泌乳期中的母貓，還有成長中的幼貓以及生病或是緊張壓力大的貓咪，每公斤體重的需要熱量也相對的較高。

給貓咪自由的機會（例如：使用自動餵食的乾飼料或是可以自由外出打獵），有些貓咪會吃的很少但是次數較多，並且自行運動而能夠保持一個標準的體重範圍。不過有的貓咪則會吃下所有供應的食物，而且如果主人無法監視牠們的熱量攝取，貓咪會很快的發胖。

貓咪熱量需求指南	
活動量	最基本熱量需求 千卡/每公斤（2.2英磅）
不好動	65-70
好動	85
懷孕（最後3週）	90-100
泌乳期	140-170（根據一胎的幼貓隻數來決定）
成長期（斷奶到6月齡）	130
成長期（6-12月齡）	100

貓咪在秋冬之際體重增加，然後在夏天體重減輕，這並不算稀奇。這可能反映出了貓咪在野外時的狀況，許多動物在食物較為稀少的冬天來臨之前，都會先囤積脂肪以備不時之需。不過當貓咪體重增加而又一直保持時，可能就是因為吃太多或者是運動不足所造成，也有可能是兩者兼有之。在這種情形下貓咪的熱量攝取就必須被嚴密監控，因為貓咪體重過重就跟人類過重一樣，都比較可能造成健康上的問題。

下圖：大部分的貓咪都是克制食慾的食客，而且都吃得很少、很頻繁。然而，也有不少貓咪會一口氣吃完碗裡的所有食物，而不管碗裡到底裝了多少。這類貓咪的主人應該要監控他們寵物的熱量攝取，不然貓咪可能會很快變為肥胖。

市售貓食

許多市售的貓食都會針對不同成長階段的貓咪營養所需調整配方以供應所需營養。這些處方都是經由營養專家以及獸醫師，針對其產品作分析、實驗並進行改良，以確保其產品能夠達到國際要求的水準。

在選購市售貓食時，種類之多是很容易令人手足無措。其中有些所謂的「主流」貓食，通常相對較便宜，可以滿足大部分的貓咪。另外還有一種「特級」貓食，通常包裝較小容量較少，而且容易吸引人們的目光（以及有時候比較吸引貓咪的味覺，但並非全部。），價格也比較高些。你的貓咪可以有多種選擇包括羊肉、牛肉、雞肉、鮪魚、沙丁魚以及海洋魚類等族繁不及備載。有些種類貓食則包含了綜合口味，例如牛肉加雞肉。這些貓食的營養成分都非常的相似，衹是在口味上有所不同而已。

購買市售或是自行烹調貓食？

就像人類的食物一樣，給貓咪的速食已經很普遍的供應。試著走一趟超級市場看看，你就會看到一整排的罐裝、包裝甚至冷凍貓食可供選擇。種類更可細分為幼貓用、成貓用以及老貓用。許多動物醫院以及寵物店則有銷售所謂的「專業配方」，有一些是給一般日常食用，還有一些則是專門針對有特殊健康問題而設計。

當你選擇市售貓食或是自行烹調食物之時，有數個因素需要被列入考慮。大部分的市售貓食營養都十分完整和均衡，這意味著它們已經提供貓咪所需的所有營養。然而，由你自己所烹調的貓食是否能如此的均衡，恐怕就無法如此的確定了。

你也必須考慮到所花費的金錢以及方便性。許多市售貓食是比自家烹調來得貴些，不過後者卻需要花比較多的時間烹調，並且仔細的計畫、準備以及儲藏。

大部分的主人會發現餵食有名氣的市售貓食十分方便，不過如果他們希望，偶爾也可以自行烹調一些「點心」供貓咪食用。

懷孕的母貓、幼貓或是生長期的年輕貓咪以及老貓都有特殊的營養需求，所以最好是餵食已經針對牠們的情形而調配的市售貓食。不過偶爾也可以視情形自行烹調以給牠們一些變化。

下圖：就像牠們的人類主人一樣，貓咪很喜歡吃。不過和人類不同的是，牠們最多可以失掉高達40%的體重卻不會喪命。

市售的貓食可以根據水分的含量不同，而分成下面幾個類型：

○ 罐裝濕式貓食。這類食品通常含有高達78%的水分（大約與新鮮肉類相等），通常不須特別防腐保存，因為在烹調過程已經殺死了所有細菌，而且罐裝密封可以防止日後可能的被污染。因為此類貓食並不含任何防腐劑，所以開封後如未馬上用完，還是需要冷藏以保持新鮮。

○ 半濕式貓食。水分含量大約都在30%左右，而且通常已經做過防腐處裡。有些種類並不需要冷藏來保鮮。通常這類食品有時會被當作「點心」或是獎賞來餵食給貓咪。

○ 乾式貓食（亦稱完全食品）。含有水分比例約只有10%，而且都經過防腐處理，也不需要任何冷藏動作保鮮。本類貓食十分的衛生，非常容易保存，並可以供應各年齡層的貓咪所需。

去比較市售所有產品的營養價值跟相對單價是幾乎不可能的。如果想要知道一種市售貓食是否均衡，可以檢查包裝上的標籤。標籤上通常都必須有一些功效的標示，例如「營養完整且均衡」，或是印有區分的記號或印花表示他們是經過測試以及認證的。有些貓食中含有相當比例的結構性植物蛋白質（TVP）來替代動物性蛋白，因為TVP的成本較低。

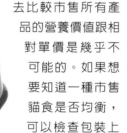

你很有可能會根據產品的價格、貓咪多快會吃完、還有所標示的內容物含量來決定你的選擇。通常標籤上標示主要食物成分，以及各項營養素的比例分析如蛋白質、脂肪以及鹽分等等。許多廠商也會列出產品中所含的熱量，這樣可以幫助你決定需要餵食多少，並且有些關於體重、生長階段以及活動量相關餵食量的指示。

動物醫院以及寵物店所提供的貓食

有些由國際知名的大廠所製造的市售貓食，是以被稱為「專業處方」的產品而聞名。

因為此類產品僅在特定的寵物店以及大部分的動物醫院販售，他們的成分和品質方面相對於超市量販店所銷售者會比較有保障。這意味著如果一種貓食標示是由雞肉製成，則成分中一定含有特定比例的雞肉成分，而不會因雞肉在當時的價格高低而有所變化。通常這類專業產品中不會含有超市產品中所含的TVP。

另外還有一種僅僅於動物醫院所銷售，是專門針對某些特殊健康問題所調配的「處方飼料」，例如過敏、腸胃問題、腎臟以及膀胱問題，肝臟問題或是肥胖等等。另外有些特殊處方食品則是針對懷孕或是沁乳中的母貓，或是協助貓咪手術或是外傷造成的傷口快速恢復，以及貧血或是癌症的狀況下輔助治療的作用。

如果你希望多知道一點關於此種類型貓食的資訊，請與你的獸醫師討論。

上右及上左圖：市售的貓罐頭包含了均衡的營養，不過卻對幫助保持牙齒及牙齦健康毫無幫助。餵食乾飼料則可以解決此一問題。

自家烹調的貓食

　　如果你仍傾向於自行準備部分甚至全部餵食貓咪的食物，並且可以確定你所選擇的食物中確實已經夠均衡，且含有足夠種類與含量的動物性蛋白質，那麼就放手去做。如果你的貓咪常常到戶外去，那麼牠所捕捉的獵物，如老鼠或是蜥蜴，很有可能可以補充你所烹調物中所缺乏的營養素。不過如果你的貓咪是完全依賴你所提供的飲食，那麼你必須確定你供應的貓食中含有的養分是絕對均衡。

　　自家烹調的貓食中所含的動物性蛋白質通常來自紅肉、腎臟、肝臟、心臟、雞肉、魚肉以及（通常比較少）牛奶。請記住烹煮食物會造成一些維生素的破壞，而烹煮過度更會降低食物的營養價值，所以你可能需要為你所烹調的貓食適度的添加含量合適的維生素，就像那些著名的寵物食品廠商一樣。

　　寵物補充性營養品通常包括鈣粉或是骨頭等含鈣（以維持身體中鈣、磷成分的均衡）、含碘、維生素A和維生素D的食物。你可以購買一些在動物醫院或寵物店所銷售已經含有正確成分的補充食品。

　　然而，在你決定以自家烹調的貓食以及（或是）添加補充性營養品之前，還是建議先與你的獸醫師做討論。因為過多的維生素與礦物質攝取也可能會造成嚴重的健康問題。

上圖：貓咪喜歡吃調理過的肝臟，不過如果一星期餵食超過一次以上就不是明智之舉。餵食大量的肝臟可能會使貓咪攝取過多的維生素A，並可能因此造成骨骼問題。

在自家烹調貓食中加入上述的補充性營養品，在某些特定情況下是特別需要的，例如在緊迫壓力或是手術後恢復的情形下。這類情形還是建議詢問你的獸醫師，而他們可能會建議你更換為一些特殊治療性處方飼料。

自家烹調貓食成分

即使你決定以市面上銷售的貓食作為貓咪飲食的基礎，你還是可以閱讀下面這個段落並找到一些有用的資訊。

肉類以及肉製品

所有的紅肉及白肉都提供動物性蛋白、維生素B群、脂肪與熱量組成。不過各成分相關比例則必須視肉的種類以及所切部位而定。

肝臟是一種含有包括蛋白質、脂肪與即脂溶性維生素A、D、E以及維生素B等多種營養素的食物。在烹煮的過程中會減少維生素A的含量，不過這並不會造成問題，因為過多的維生素A可能會導致不正常的骨骼發育。在一般性的原則下，不要讓貓咪食物所含肝臟比例超過10%。

食物種類	蛋白質 （平均百分比）	脂肪 （平均百分比）	熱量 （Kcal/100g）
牛肉（中肥）	20	15	220
雞肉（肌肉）	20	4.5	120
雞肉（脖子）	13.2	18	230
雞皮	16	17	223
羊肉	15	22	265
肝臟（牛）	20	3.8	140
腎臟（牛）	15	6.7	130
心臟（牛）	17	3.6	108

相較於牛羊豬肉的紅肉，雞肉會是一種相對較容易消化的蛋白質。所有的肉類都缺乏鈣以及略為缺乏磷。而磷和鈣的比例來說顯得過多，從兔肉的10：1，牛心肉的30：1到新鮮肝臟的360：1（需要的磷鈣比大約是1.3：1）。肉類同樣缺乏維生素A、D還有碘、銅、鐵、鎂、鈉等，而且如果要調成適當的貓食，則必須添加前述的各項不足的營養素，特別是鈣。肉類在未煮熟情形下更具營養價值，因為一旦經煮熟後，所含的大量維生素B勢必會流失掉。

魚類

魚類中包含了兩個類型：白肉魚的營養組成大致上跟瘦肉相同，含有的脂肪量少於2%，比較缺乏一些脂溶性維生素（如A、D、E和K）。

脂肪魚、油魚（如鮪魚）則包含了大量的維生素A及D以及不飽和脂肪酸，而此類魚肉餵食過多可能會導致皮下的疼痛、炎症反應以及脂肪代謝物堆積（亦即痛風）。

白肉魚以及脂肪魚兩者都含有大量的蛋白質和碘，但是卻缺乏鈣、磷、銅、鐵、鎂、鈉等。

記住不要餵你的貓咪太多生魚片，因為其中含有硫胺素酶，一種會分解維生素B群中的重要成分硫胺素的酵素。而硫胺素酶會被熱所破壞，所以最好是在餵食前先將魚肉煮熟。

魚骨頭可能會因為卡在貓咪的牙齒甚至是喉嚨而造成問題。因此如果是餵食整條未切的魚時，記得魚骨頭必須經過壓力鍋（這個老式的煮法卻是一個供應於骨頭給狗兒以及貓咪的理想方式）、蒸或是燉煮軟化後才可餵食。餵食經過上述方法所煮出來的魚肉會比一般的肉類更具營養價值。

蛋

蛋包含了鐵、蛋白質、大多數的維生素（不過維生素C除外）、脂肪和碳水化合物。一顆全蛋大約包括了13%的蛋白質，11.5%的脂肪，並且每100公克（3.5盎司）可以提供160大卡的能量。蛋是一種營養均衡的食物以及良好動物性蛋白質以及必須營養素來源，尤其是生蛋特別具營養價值。不過吃太多的生蛋亦會造成傷害，因為生蛋中含有一種被稱為卵白素的物質，會降低維生素B中一種被稱為「生物素」的吸收率，該種維生素對許多生理作用相當重要，如保持毛髮和皮膚健康，以及正常的肌肉作用。根據一些資料指出，一隻成年的貓咪每週所餵食的生雞蛋不要超過一個。不過如果你只餵食你的貓咪蛋黃部分，則可以將生雞蛋的數量增加為2到3個。不過請記得蛋黃在整個蛋中含有相對比例較高的脂肪（約為31%），攝取過多可能會導致肥胖。

牛奶和起士以及優格

當日生產的新鮮牛奶中富含蛋白質、脂肪、碳水化合物、鈣、磷、維生素A以及維生素B群。

牛奶對幼貓來說是一種非常好的鈣質來源，而且大部分的貓咪都喜歡飲用牛奶。而且如果你將其稍微加熱到室溫以上，或是直接從冰箱拿出——兩種貓咪可能都會喜歡。然而，純鮮奶中含有乳糖，隨著幼貓的年紀增長，對乳糖的消化能力也隨之減弱。如果餵食量較大可能會造成牠們腹瀉。而有些成貓會有乳糖不耐症，則當餵食牛奶時會造成皮膚乾燥、癢、敏感的情形。因此目前在國外已經有所謂的低乳糖鮮乳在市面上供應。

奶油包含了牛奶中大部分脂肪，是種高熱量來源。不過如果餵食過多則會引起肥胖。

起士也是一種相當好的動物性蛋白質來源，而且有一些貓咪很喜歡。因為起士中並未含有乳糖，因此可以切成小塊餵食給有乳糖不耐症的貓咪。另外優格也不含有乳糖，但是卻不是每一隻貓咪都能夠接受。

脂肪與油

食物中脂肪的缺乏會造成皮膚的乾癢，以及進一步造成持續的乾燥以及皮屑產生。

脂肪幾乎是100%可以消化，普遍存於大部分食物中——而且，貓咪很喜歡。植物油以及魚類的脂肪在營養價值上是比動物性油脂來的好。葵花油以及玉米油則是良好的脂肪酸來源——尤其又以葵花油最佳。如果貓咪的飲食營養不夠均衡，你可以加入少量的魚肝油（大約是一週3茶匙的份量）。不過在給予此類補充時請小心謹慎，並建議先與你的獸醫師討論。因為魚肝油中含有大量的不飽和脂肪酸，給予過多會導致痛風的產生。

蔬菜

大部分的綠色植物都富含維生素C，而且蔬菜是很好的維生素B群來源。不過因為貓咪可以自行合成維生素C，因此不必特別從食物中獲得。貓咪會吃一些與肉類或是魚類一起烹煮的蔬菜，不過過度烹煮會導致所含維生素的破壞，並降低營養價值。

穀類

穀類可以提供碳水化合物以及部分蛋白質、礦物質以及維生素。不過通常都缺乏脂肪，必須脂肪酸以及脂溶性維生素A、D、E等等。

不過小麥中則含有硫胺素（維生素B1）以及維生素E。相較於玉米和稻米，小麥、燕麥以及大麥則含有較高的蛋白質以及較低的脂肪比例。稻米是很受貓咪的歡迎，也因此常常被市售的貓飼料使用為原料之一。

酵母富含維生素B以及一些礦物質，而且酵母類食品對老貓有益──即使過量也不會造成問題。而且請忘記一些毫無根據的軼聞，多添加酵母不可能可以預防跳蚤。

纖維

你的貓咪日常的食物中至少應包含5%（根據乾燥重量計算）的纖維，主要都由蔬菜成分中供應。富含纖維的狗食（約含10%～15%）可以有效控制肥胖，而且是患有糖尿病貓咪理想的飲食，因為纖維可以減緩食物中葡萄糖（碳水化合物最終分解產物）的吸收。

骨頭

骨頭以及含骨頭的飲食大約含有30%的鈣以及15%的磷、鎂以及部分蛋白質。不過缺乏脂肪、必需脂肪酸以及維生素。食物中含有骨頭比例太高可能會導致生便秘，因此請詢問你的獸醫師關於適合的量。

當你想餵食雞骨頭時，最好事先與你的獸醫師商量。除非是經過壓力鍋煮爛，否則最好是不要餵食雞骨頭，因為很有可能刺穿腸胃道。魚骨頭有可能會卡在貓嘴巴或喉嚨裡，因此除非是經過壓力鍋煮爛，否則也不得餵食。

上圖：貓咪可能會因為供應這麼多種的貓食而被寵壞。雖然多數的貓咪喜歡有變化，不過有些貓咪可能會因此變得挑食。

水分

確定給貓咪飲水的容器中經常都有乾淨、清潔且充足的水。一隻貓咪一天所需的水量（不論來自食物或飲水），約為每天40ml（約2.5茶匙）／每公斤（2.2英鎊）體重。水分的攝取量變化會因氣溫或所餵的飲食有相當大的差別，而與飲食中所含乾飼料的多寡成正比。如果你的貓咪罹患一些疾病如下痢、糖尿病、腎臟病等，也會增加其飲水量。

如何餵食貓咪

選擇一個陰涼的區域並且貓咪使用該地方進食不易受到干擾，並可以經常性的使用。餐具則用易於清潔的器具，如不鏽鋼、陶土、塑膠製品均可，並且於每次餵食後都清洗乾淨。

貓咪都是講究的美食家，而且這樣的行為是有足夠的理由。一隻貓咪只會吃牠所能得到最新鮮的食物，對聞起來已經不新鮮的食物會掉頭就走。這是因為貓咪不是只受到饑餓的刺激而進食，也受到氣味的影響。照此原則，他們比較喜歡吃已經稍微加熱至室溫的食物是因為香味較好。有些貓咪會吃剛

剛從冰箱拿出來的冰冷未開封罐頭，不過大部分的貓咪並不會吃。

因為貓罐頭食品並未含任何防腐劑，所以如果一小時左右仍未吃完，則必須立刻丟棄，而且家中的蒼蠅也是一大問題，請馬上將不吃的食物丟棄。不過一些半濕式的貓食則可以放置於碗中數個小時之久。

如果你的貓咪不會吃的過度，那麼乾飼料可以放置一整天。如果你希望如此做，最好還是準備一個自動餵食器（注：觸碰後可以自動落下定量食物），這樣可以保持食物（以及其香味）密封並可以讓貓咪想吃時自己接觸。

如何餵食幼貓

母貓分泌的母乳富含蛋白質與脂肪，因此在剛斷奶的前幾個星期，所攝取的飲食中必須能夠反映出與母乳等同的營養需求。一隻成長中的幼貓每公斤（2.2英鎊）體重所需要攝取的熱量，必須是一般成犬的3倍。而且因為幼貓的胃容量相當有限，所以必須每日餵食含有高熱量的貓食數次才行。

下圖：不管被餵食的多好，當貓咪有機會時，他們還是會順從天性的習慣去獵捕鳥類或是一些小型的哺乳類。

市面上可見到許多品牌的幼貓專用處方飼料，其中分為以穀類為基礎或是肉類為基礎兩種。比起自己花心思調配合適的貓食，這些現成的幼貓處方是你比較應該考慮。

當幼貓還小時，你還可以同時餵給牠牛奶——不過許多獸醫師都不建議你為幼貓或成貓牛奶。如果當你的貓咪逐漸長大時，餵食牛奶會造成下痢的問題，那應該是因為牛奶中所含乳糖所造成的，這個時候你就得更換成餵食狗貓專用的動物奶粉才行。

在一般原則來說，在8到12週齡的幼貓每天應該以市售的飼料或自製貓食餵食至少4次。不過你必須盡早決定使用哪一種，之後便固定下來。因為將自製的貓食與市售飼料混合，可能會導致營養的不均衡。

然後在3到6個月齡間開始只要一天餵食三餐。接下來則開始轉換成下面所列的成貓餵食準則。

如何餵食成貓：

貓咪與狗兒並不相同，因為狗兒屬於群體競爭的動物，總是會盡可能貪婪的把整個胃裝滿滿的；貓咪則是孤獨的獵人，而且通常不會一次吃大量的食物。

大部分的主人都會發現混合著乾飼料與罐頭餵食相當的方便。乾飼料可以留著讓貓咪自行決定進食，而貓罐頭部分則可以控制量在早上、或是下午、傍晚剛開始餵食的2到3小時內吃完。

如果你的貓咪是關在房間內，那麼深夜餵食將會造成一些問題。因為大部分的貓咪都是再進食後1到2個小時內開始需要排便跟排尿。

如果你需要一次餵食一隻以上的貓咪，那你可能需要依序分別餵食並且讓牠們間隔一個距離。這樣子一來地位較高的貓咪就無法去搶其他貓咪的食物，而且你也可以觀察牠們實際進食的量。

應該餵食多少份量

大部分的貓咪只會吃剛好滿足牠一天的能量所需份量。貓咪一天的能量所需不只由牠的活動量來判斷，同時也取決於牠的身體代謝率（身體消耗熱量的速度）。每隻貓咪都是個獨立的個體，即使是類似品種的貓咪也可能會有高達20%的差距出現。

你的貓咪必須吃足夠的食物以滿足其熱量需求，不過也不能過多——否則只會使體重增加。多餘的熱量會被轉換成脂肪來儲存，而囤積在皮膚以及腹部下（而變得像是「圍裙」一般）。有些市售的貓飼料味道非常好，不過卻可能因此刺激貓咪吃得過量。如果你是餵食市售的貓飼料，請先確認標籤上的熱量含量，並根據其正確餵食。如果你是餵食自製的貓食，可能會比較難以控制到底餵食多少才是正確，所以你可能需要密切的監控貓咪的身體狀況。

判斷你所餵食的飲食是否足夠且均衡，最重要的準則就是貓咪的身體健康以及外觀狀況。如果貓咪身體狀況好、警覺心強、活動量大並且皮膚和被毛光滑柔順，還有體重也一直維持不變，那麼毫無疑問地牠的飲食應該是正確的。不過如果你的貓咪皮膚粗糙、被毛大量掉落，還有過重或是過輕的現象，動作遲鈍而且無精打采，常常感到非常的飢餓或是對食物沒興趣，這種情形下你都應該與你的獸醫師討論。

還有請記得如果你在餐與餐之間給貓咪小點心，因為這類食品的高熱量，所以你必須把它算入貓咪整天的飲食攝取量之中。

營養問題

以下這些問題在你餵食適當的市售貓食時，應該是不會發生。而這些問題的發生可能意味著貓咪：

- 餵食的貓食不適合貓咪
- 有進食，不過疾病降低了牠吸收以及消化食物的能力
- 因為許多可能的原因而未進食

餵食量不足會導致缺乏能量、體重減輕（身體會開始燃燒脂肪當能量，接下來消耗肌肉中的蛋白質），最後可能會餓死。這可能也導致缺乏部分必須的營養素。

過度餵食則可能會導致肥胖，以及因為某一種營養素過量造成的中毒現象（例如維生素A）。

第五章

了解你的貓咪

貓咪的社會系統

住在野外貓咪的社會系統，會因為生態的變化而有不同的關係存在－食物的供應通常是最主要的影響因素。「團體」會在食物的供應以及分布可以允許兩隻或是以上的個體居住十分接近時形成。通常大部分的團體會包括母貓，以及跟著與牠們有血緣關係的子女和未成年的公貓。

母貓們通常都會互相照顧對方的幼貓並將獵物帶回來與大家分享。成年的公貓通常都不是「家庭」團體的一員，牠們只在以繁殖為目的時，才會與團體形成鬆散、暫時性的聯繫。公貓也通常不會參與幼貓的養育活動。

當食物分布較為分散時，貓咪們則會過著較為獨立的生活。地盤就在此情況下形成，而首戶的範圍通常包括了巢穴以及可能最主要的食物來源。這些地盤則會用氣味以及視覺上的記號，例如磨爪記號以及未掩埋的糞便。當貓咪進入其他個體的地盤時，可能會有遭受攻擊的危險，不過地盤的重疊（尤其是狩獵區域）卻是常有的事情。然而當此類

上圖：貓咪通常喜歡高的地方，這就是為什麼牠們喜歡以窗戶當作出入地點的原因。

下圖：如果貓咪有類似的機會，牠們也會像獅子一樣的團體撫育牠們的下一代。幾隻母貓，通常是姊妹所組成，會共同幫助養育幼貓並在其他貓咪出外打獵時輪流看護幼貓。

事情發生時，貓咪大都是盡量分享地盤減少碰面。牠們之間似乎有著「時間分配」的輪流制度，這可以確保牠們可以在不同時間、不同的區域狩獵。

人與貓之間的關係

貓咪對於人類的依賴度是相當具有彈性，因為大部分的貓咪即使在野外環境，都有存活下去的能力。在一些市郊地區，貓咪可能很難找到足夠的食物來維持完全的野外生活，所以與人類的聯繫是必要且有益處。貓咪與人類之間的關係是互利共生、共同合作的一種。貓咪得到居住的地方，還有食物供應以及健康照顧。我們人類則可以藉此控制嚙齒類以得到陪伴。

與狗兒不同的是，貓咪並不必一定尊敬人類並成為他們的社會團體系統的一份子。住在家中貓群的秩序手則似乎只包含了貓咪而已。不過，這仍是有情況的不同：貓咪如果在非常親近人類的情形下被扶養長大，而且家中並沒有其他的貓咪，那這種情形下貓咪就會將人類當作其團體的一部分，而對人類表現出如「情境關連攻擊性」（見61頁）等行為。不過有些品種的貓，例如暹羅貓跟緬甸貓，因為在選種過程中已經特別選擇牠們對人類友善，並喜愛與人接觸以及精神上相當依賴牠們的主人。不過就整體來說，大部分的貓咪仍是相對獨立的存在，還有只在牠們自己想要的時候找人作陪伴。

貓咪的社會發展

貓咪在剛出生時是看不到也聽不到的。牠們的眼睛大約在兩週齡時才會睜開，而再三週齡時才會開始玩耍。在這個年齡牠們開始聽得到並擁有良好的嗅覺，並且開始顯示出「張口反應」（見58頁）。視覺的發展則相當緩慢，大概要超過10週齡才會發展完成。

嗅覺可能是貓咪最重要的感覺

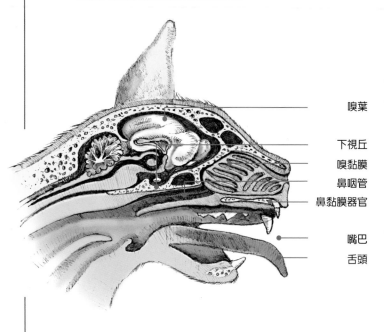

嗅葉

下視丘

嗅黏膜

鼻咽管

鼻黏膜器官

嘴巴

舌頭

貓咪可以偵測到微小粒子的氣味，這可以讓牠們知道其他貓咪的社會狀況以及生殖狀況。牠們藉由「張口反應」──這個伸出舌頭的姿勢將特殊氣味的化學物質傳達到敏感的鼻黏膜器官中。

玩耍的傾向大約在4到11週齡間逐漸增加，然後就會急速減少。大約在八週齡開始幼貓就會有能力獵殺以及攝食一些小型的獵物。大約在兩週齡到七週齡之間，是貓咪與人類或是其他貓咪接觸並社會化的最重要時機，否則貓咪可能會因此害怕與人類接觸。如果是由人類一手扶養長大，並且與其他的幼貓或是貓咪疏離，那牠們可能永遠無法與其他貓咪正常互動。

貓咪的嗅覺

貓咪具有敏銳的嗅覺以及特別的結構（鼻犁骨嗅器官）可以幫助牠們偵測氣味。這個器官是由兩條位於眼窩跟鼻腔的盲端管道構成。當物質被送入嘴巴時會被溶解在液體中進入該管道裡，然後感覺資訊就會被轉送到嗅局器官中。

當貓咪使用這個器官探索調查味道時，牠們會維持著一種嘴巴張開的奇怪相貌（張口反應）。

氣味在溝通上扮演了重要的角色。經由噴灑尿液以及摩擦臉部腺體，或是磨爪時腳部的腺體散發味道，都可以用來界定貓咪的地盤。氣味同時也會經由肛門腺而被釋放到糞便之中。一般被認為氣味中傳遞了貓咪的身分、社會狀況以及生殖狀態等訊息。同時如果有集團性的氣味存在亦是有利的，因為這可以方便分辨一個集團中相關的動物身分。

氣味以及香氣同樣對於刺激貓咪食慾以及確認獵物來說相當重要。貓咪如果有上呼吸道病毒感染並且導致鼻腔阻塞時就不會進食，因為這樣牠們聞不到食物的香氣。

貓咪的視覺

　　貓咪具有極佳的立體視力，同時對偵測物體移動極為擅長。他們感應到光線的能力大約是人類的三到八倍。他們的視覺範圍可以從25公分（10英吋）到2公尺（6.5英尺），他們並擁有極佳的視覺深度感覺以及藍綠色的彩色視覺。

　　貓咪在夜間也能看得很清楚，這要感謝視網膜中的特殊結構（脈絡膜細胞毯）可以將光線反射回視網膜之中。

　　不過許多暹羅貓的立體視力明顯的較差，而且還有近視以及動態偵測能力降低等先天遺傳問題。許多此種貓咪都有很明顯的瞇眼問題。

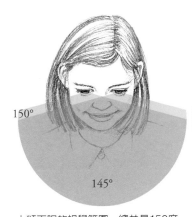

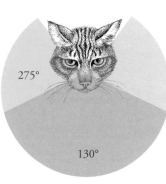

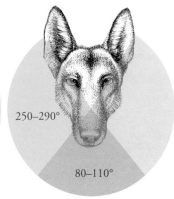

人類兩眼的視覺範圍—總共是150度—其中145度是雙眼視力重疊

貓咪的視覺範圍—總共是275度—其中130度是雙眼視力重疊

狗兒的總視覺範圍是250~290度，其中只有80~110度是兩眼重疊—遠比人類少

上圖：貓咪具有優秀的夜間視覺，這有一部分是歸因於*tapetum cellulosum*，因為可以將光線反射到視網膜之上。

貓咪的聽覺

貓咪對於高頻率的聲音（60千赫茲以上）是非常敏感的，這使得牠們可以偵測到囓齒類動物發出的超音波吱吱聲。牠們同樣的對於判斷聲音來源的高度非常在行，藉由移動外耳部分（耳殼）可以幫助確定聲音的位置。

貓咪除了敏銳的聽力以外，牠們的腳上另外還有著震動感測器——這些可以偵測到約200到400赫茲的聲音——不過只能維持短暫的時間。

貓咪的叫聲

貓咪在被攻擊或是恐懼時會尖叫，當警告侵入的闖入者時則會警戒性的嚎叫以及哭號，而在要引起熟悉的人或是動物注意時，則會大聲的喵喵叫。

另外在貓咪有例如被撫摸或是哺乳等愉快的經驗時，則可能發出呼嚕呼嚕的聲音。不過有時在生病或是緊張壓力的狀態，也有可能會發出類似的聲音。不過貓咪在睡覺時絕對不會發出呼嚕聲。

就像人類一樣，貓咪可以藉由臉部的表情表達出牠們的「心情」

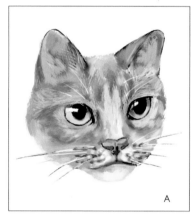

A

B

C

A. 心情愉快——貓咪的耳朵豎起，鬍鬚放鬆
B. 安靜滿足——眼睛半閉且鬍鬚放鬆，這時貓咪可能正被撫摸或是輕拍
C. 警戒狀態——貓咪的表現介於滿足跟緊張之間
D. 感覺緊張——貓咪的耳朵向後移動，且鬍鬚稍微的向前下垂
E. 生氣或恐懼——耳朵垂下，眼睛稍微瞇起，鬍鬚向前下垂

D

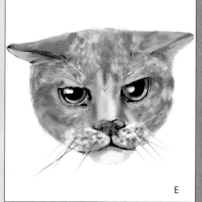

E

上圖：這隻貓咪充滿自信的姿勢並且尾巴上翹，表示出有「溝通」的意願。

行為問題

　　貓咪的社會化系統是非常有效率，而貓咪因此很少會發生嚴重或是具攻擊性的行為問題，除非牠們沒有受過去勢手術，或是處在一個過於擁擠的環境中。

　　然而，貓咪還是會形成一些行為問題，不過通常這些問題都是可以很有效的處理。

情境關連攻擊性

　　許多貓咪在天性上便處於優勢而且需要覺得對事物有掌控性。牠們常常會毫無理由的對主人嚎叫，甚至咬主人。而這樣的狀況常發生在貓咪坐在主人膝蓋上，被輕輕拍著的時候。牠們會突然間神經緊繃、瞳孔會放大、尾巴垂下並且咬主人的手，甚至用牙齒扣住不放。

　　這些貓咪在主人輕拍牠們後把牠們放在椅子上便轉身離去，或者只是坐在貓咪旁邊但稍微移動一下位置時，也有可能會攻擊主人。

如何處理情境關連攻擊性

　　注意可能即將發生攻擊性的任何徵兆。當感到貓咪神經緊繃時，立刻不要再拍牠並站起讓牠落到地面上。水槍或是號角之類的東西也可以驚嚇貓咪，讓牠從欲攻擊的模式中恢復。

情境關連攻擊性的預防

　　目前還沒有任何方法可以預防情境關連攻擊性的發展。你必須接受這個貓咪永遠不會討人喜愛的事實──因為牠們總是需要對事情有掌控力。

轉移性攻擊性

　　貓咪對於「幹掉競爭對手」是非常在行。如果貓咪看見另外一隻貓咪闖入牠的地盤，但是卻無法將牠趕走（例如，貓咪是在室內，卻看見闖入者在窗外走動），那麼牠會將牠的攻擊性轉移到任何一個接近牠的人身上──通常都是身為主人的你！

　　如果你正好在貓咪對另外一隻闖入的貓咪嘶吼時接近牠，那麼貓咪很有可能就會攻擊你。

上圖：弓起的背以及被毛豎起通常表示著恐懼或是攻擊性。這樣的姿勢正可以使貓咪看起來比較大些並且較具恫嚇性。幼貓常可以在玩耍之中學習到此類的姿勢。

轉移性攻擊性也常常發生在貓咪受到驚嚇的時候；例如有東西從架子上掉下來並且嚇到牠，而剛好你又在此時進入房間中，貓咪可能因此把你與該受驚嚇的經驗聯想在一起而攻擊你。

如何處理轉移性攻擊性

最好的處理方法就是靜靜的走開並讓貓咪自己冷靜下來。千萬不要嘗試去接近和安撫貓咪，因為在這種情形下牠的反應會持續一段時間。但是如果貓咪仍然對你繼續這樣的負面反應，那麼你可能需要求助於動物行為學家或獸醫師來處理此一問題。除了一系列的行為矯正計畫以外，抗焦慮藥物的投與可能也是必要的。

轉移性攻擊性的預防

貓咪正在對戶外的某些事物有所反應時，盡量不要接近牠。如果有任何東西掉落在貓咪身邊或有任何其他狀況嚇著牠時，不要急著去安撫你的貓咪。

狩獵攻擊性

有些貓咪會把人誤當作是獵物而加以攻擊－牠們會跟蹤然後兇猛的攻擊。此類行為在牠們皆將目標指向老年人或是小孩時，便會變得特別危險。

如何處理狩獵攻擊性

當貓咪開始有跟蹤行為時，使用號角或是水槍之類能讓牠嚇一跳的東西驚嚇牠。盡量避免從事一些已知可能會激怒牠的狀況，例如在襪子或是涼鞋裡扭動腳趾頭，或是小孩穿戴著一條未綁好晃動的皮帶或是絲巾。

有些貓咪會趴下來等牠的主人走過來吃早餐，或是進行一些例行的習慣動作。試著變化你的例行行為，這樣貓咪就無法預測你何時會經過什麼地方。

狩獵攻擊性的預防

絕對不可以鼓勵幼貓時期的狩獵行為－例如，不要跟貓咪玩「捉迷藏」之類的遊戲，因為這會鼓勵你的幼貓追逐你。

下圖：這隻幼貓正準備要撲向牠的玩伴——這樣的姿勢在狩獵時同樣可以見到。

在貓咪項圈上綁一個鈴鐺，讓你在貓咪接近的時後就可以知道。（然而，這卻不是絕對有效的，因為貓咪可能會學會走動的時候不搖晃到鈴鐺。）

玩耍攻擊性

此種問題最常發生在由人類的手所養大的幼貓身上。缺乏與同胎兄弟姊妹玩耍的經驗，使牠們沒能學會在玩耍時不能用力咬以及要收起牠們的爪子。有時貓咪會咬得用力到讓人流血，雖然實際上牠們並沒有讓人受傷的意思。

如何處理玩耍攻擊性

當你的貓咪或是幼貓開始誘導出玩耍習慣，比如說與你的手打架或是跳起來抓你的腳時，將這樣的攻擊轉移到玩具上。如果貓咪堅持與你的身體接觸，你可以用水槍來打消牠粗魯玩耍的念頭。用水槍噴牠的臉然後說「好痛」。

對於貓咪安靜且有規矩的玩耍，則給予一小塊起士或是貓餅乾當作獎勵。絕不要鼓勵貓咪來追你的手或是腳趾，即使你的手和腳是用被子或毛毯包住，因為牠們很有可能會咬穿些東西而使你受傷。

玩耍攻擊性的預防

先確定你的幼貓是已經與其他幼貓或成貓相處過並且社會化。不要鼓勵任何與人身體某部分有關的玩耍方式。

恐懼攻擊性

貓咪或是幼貓如果在幼年早期沒有接觸人類的話通常會對人類感到恐懼，甚至對接近的人有攻擊性行為。例如倒退、蹲伏或是向一邊側躺，發出嘶叫聲、耳朵垂平以及嘴巴張大露齒。牠會嘗試著從與人類的接觸中逃開，而且很可能會咬傷阻止牠逃開的人。

這種類型的行為問題常見於人們想要收養在野外出生的幼貓，或者是曾經由一位老人

所養，而老人已經過世才被送到收容所之類的情形。貓咪有時候在被帶離開牠們的家中環境，到如動物醫院或是寄宿機構時，也有可能會表現出恐懼攻擊性。

如何處理恐懼攻擊性

對一些在野外出生或是走失又重新帶回家的流浪貓，恐懼攻擊性通常是可以用耐心與時間來克服。然而，有些野外出生的幼貓已經變得先天上的恐懼，因而永遠無法成為討人喜愛的寵物。

上圖：幼貓可藉由玩耍發展身體技巧以及練習長大後所需的自我防衛技能。
下圖：恐懼攻擊性通常可以由貓咪垂下的耳朵以及趴下的姿勢看出。

將貓咪放置在一個供應貓砂、床墊、一盤水以及許多玩具的房間中。每天花時間分成幾次進到房間裡，就只是坐在貓咪旁邊或是閱讀而已。而大聲的閱讀常會有所幫助。拿一些可口、香味強烈的貓飼料在手中，並嘗試著讓貓咪來吃你手上的飼料。一開始你可以先將飼料丟在你身旁的地上，然後貓咪就會漸漸的越移越近直到它可以直接從你手上吃飼料。在這個階段，請先避免眼光的直接接觸。

在貓咪可以很放鬆的從你手中吃飼料之前，不要嘗試去觸摸貓咪。使用紙張、繩子或是逗貓棒，慢慢的誘導貓咪和你玩耍。大部分的貓咪在兩到四個禮拜之間就會慢慢的有所反應。一旦貓咪可以被輕拍而且能在你的陪伴下放鬆，牠們就可以被允許接觸屋子裡的其他房間，甚至是家中庭院。

除非在貓咪十分放鬆的情形下，不要嘗試著將貓咪抓起來，這項動作在領養的三個月之內都最好不要嘗試。在情形比較嚴重的例子中，這些貓咪可能需要給與一些抗焦慮藥物。

如果將寵物貓咪放置在陌生的環境裡，最好是先減少貓咪接觸整個環境的感覺。

首先，先確認貓咪能在提籠裡待的很舒適。先在提籠裡面餵食貓咪，然後在對你將牠從提籠裡移進移出給牠一些獎賞。如果你的貓咪對於貓草（貓薄荷）有所反應，那麼先放一點在牠的提籠之中。然後在提籠的裡外用貓咪最喜愛的玩具與牠玩耍。

如果貓咪對於動物醫院有所恐懼，與你的獸醫師商量定期帶貓咪前往，並且讓牠可以在房間裡探險甚至在醫院被餵食。如果問題是出在寄宿機構，那麼可以試著要求負責人讓你做同樣的動作。大部分的貓咪即使不能夠對此定期拜訪自得其樂，但最後多半能夠學習忍受。

對其他貓咪的攻擊性

貓咪天生即具有地盤性，而且會本能的威脅及趕跑闖入者。因此一般並不是很容易去界定這樣的行為，不過你可以藉由在深夜、清晨以及傍晚限制貓咪外出以減低牠被捲入打架的機會，因為上述的時間是打架最容易發生的時間。

對家中其他貓咪的攻擊性

同住在一個家中的貓咪經常也會有輕微的爭端，不過通常只是發出嘶嘶聲以及用腳掌互相觸擊而已。不過這些爭端貓咪們通常都會自行解決，即使無法形成一個相親相愛的友誼，至少也會有一個不爭吵的協定。

有的貓咪會變得非常互相依賴，會幫對方理毛甚至睡覺都在一起。然而，在一些例子中，有些貓咪會受到家中其他貓咪經常且極端的攻擊性對待。這有時候可能和其對地盤的守護（即貓咪看守著一片屬於自己的區域）有所關聯。此類行為也有可能源自於轉移性攻擊。

上圖：這兩隻貓咪正在進行一場典型的攻擊性反撲。可以注意看到左側的貓咪正處於比較優勢的狀態—牠的耳朵比較沒有下垂，並維持一個較高的姿勢。

如何處理貓咪之間攻擊性

當貓咪顯示出非常嚴重的攻擊性時，就需要馬上將他們分開。先將他們關在個別的房間之中，然後讓他們每天互換房間使貓咪們能夠經常接觸到其他貓咪的氣味。教導他們可以待在一個提籠裡，並在裡面餵食他們。再一個固定的時間裡跟每隻貓咪玩，然後再給他們點心當獎賞。

一個星期後，在餵食的時間將貓咪放在提籠裡帶出房間。並將他們分別放在一個房間的兩端（但不是之前關他們的房間之一）並且在提籠裡餵食他們。如果有不友善的反應出現，則將有反應的那隻貓咪帶出房間。當貓咪一旦能夠容忍被關在提籠中放在同一間房間裡，接下來慢慢的將兩個提籠慢慢的移近。當他們可以在距離2到3公尺（5~10英尺）時仍安靜的坐著或是進食時，接下來就可以將他們放到提籠外餵食了。

如果到上述步驟都很好，則為貓咪們綁上繩子讓他們間隔一段距離坐在房間之中。任何有攻擊性的徵兆或行為都應該用水槍或號角加以懲罰，而安靜的行為則需予以獎勵。如果他們相靠近，則開始貓

咪均參與的玩耍過程，並且使用兩隻貓咪都喜愛的玩具。最後他們就可以在同一個房間裡自由活動，並在嚴格監視下玩喜歡的玩具。此時任何的攻擊性行為都應該要被嚴懲。經過一段時間後貓咪應該就可以快樂的共同相處，或者至少不會經常性的起爭端。

如何處理轉移貓咪之間攻擊性

轉移性攻擊到其他的貓咪身上，與上述針對人的轉移性攻擊一樣（見61至62頁）。不同的是發生此行為的貓咪是受到攻擊者的驚嚇而轉移攻擊性到其他貓咪身上。當兩隻貓咪見面時，受害者表現出恐懼感，然後將攻擊性行為轉移到其他的貓咪身上。雖然這些貓咪常被當作是貓咪之間的攻擊性來處理，不過受害的一方常需要給予抗焦慮藥物來避免再次觸發對其他貓咪的攻擊性。攻擊的一方常常也需要給予藥物治療。這樣的情形通常是很難處理的，因此求助於動物行為的專家是很有必要。

啃食編織物

大部分的貓咪在飲食上十分挑剔，而且甚至對於嘗試新食物都十分排斥。然而，有些貓咪卻會發展出怪異的口味，而最常見到的就是針對編織物。

啃食編織物最常在暹羅貓上見到─這可能是因為遺傳上的先天傾向。這類行為通常也與幼貓太早期的斷奶有所關連，而且通常是由一些事件的創傷（例如搬家）所誘發。喜歡啃食編織物的貓咪常會從鄰居家中偷走毛料的衣物，將其搬運回家中並且

上圖：幼貓都會喜歡玩弄羊毛以及編織物，不過很不幸的有些會發展出吃下這類質料的習慣。
這可能會導致消化不良，而且必須被極力避免。

吸和咬這些衣物。他們可能會吃下大量的這類東西，並且造成消化不良甚至發生腸胃阻塞的情形。

如何處理啃食編織物

嘗試預防貓咪與任何羊毛的編織物有所接觸，或是鼓勵貓咪去撕破厚紙板以轉移注意力。你也可以提供一些骨頭或是皮製玩具供牠啃咬。

有些貓咪在你使用令牠嫌惡的東西（如辣椒）塗抹在上面時，便會停止啃食行為。增加你對貓咪的關注也會對此類行為有所幫助，例如提供更多的刺激像是遊戲以及新玩具都是。

有些獸醫師相信這些貓咪可能是受到一些潛在的神經化學狀況異常所影響，因此給予藥物治療可能是必要的。

如何預防啃食編織物

試著盡量避免使用羊毛編織物當作幼貓的床墊。盡量提供很多刺激與活動給幼貓，並且避免太早斷奶離開母貓。避免購買有啃食編織物習慣的雙親所產下的幼貓。

在家中上廁所

許多人在他們養貓的日子裡，多少都會碰到貓咪在家中隨意上廁所的問題。而這個問題是由數種可能的原因所造成。

居住於屋內的貓咪必須習慣於接觸貓砂。如果貓咪能夠自由的進出屋子，那麼牠們可能從來不需要用到貓砂，不過如果天氣變得又濕又冷，或是貓咪因為某些理由，而對於外出探險感到擔心，這個時候供應牠貓砂盆就是很有用的。

在家中同時飼養多隻貓咪時，就需要每一隻貓咪準備一個砂盆，以及多準備一個備用。砂盆裡凝固或變髒的貓砂應該要每天清理更換。貓砂本身有多種不同型態，包括粗砂、細砂、球砂、木屑砂以及可吸收尿液的水晶砂等多種。有些種類的貓砂中還會提供額外的芳香顆粒。

砂盆的大小應該要足夠讓貓咪在裡面舒服地轉身，並且有足夠的深度盛裝貓砂供貓咪挖洞。砂盆本身也要夠穩定，因為如果不夠穩的話貓咪會覺得不安全，而不敢在裡面上廁所。

在貓砂旁上廁所

這類情形通常是與貓砂盆裡的貓砂種類有關，或是與使用貓砂時的不愉快經驗或是疼痛有所關連。通常在這種情形下，砂盆附近的紙張也會被貓咪扯破，以嘗試挖掘並掩蓋等排便動作。

如何處理在貓砂旁上廁所

檢查是否有其他貓用過貓砂盆，因為大部分的貓咪討厭共用砂盆，並確定貓砂是乾淨且更換過的。如果看不出什麼明顯的問題，建議將貓咪交給獸醫師做檢查。貓咪可能有膀胱或是腸道的問題導致牠進入砂盆時會有疼痛的情形。如果你的貓咪是隻老貓，那牠可能有關節炎的問題，這使牠在爬進貓砂盆並維持平衡時很容易感到不舒服。

如果貓咪都是健康的，那麼你可能要考慮更換貓砂的種類。提供用不同砂盆裝著的數種貓砂，看看貓咪會使用哪一種（如果願意用的話）。將幾個砂盆分別放在你可以接受的不同地方，讓貓咪嘗試著接觸。變換所用的貓砂種類，以達到你試過每一種貓砂在每個可能的放置地方為止。如果是此類情形

上圖：貓咪的便盆應該要寬大、乾淨並放置在一個有些許私密性的地方。

那問題可能不是出在貓砂上—有可能是因為貓咪被另一隻貓咪追逐，或是在貓砂盆中挖掘時被其他貓咪打擾，而使牠不敢爬進該地方的砂盆中。如果你不能解決此一問題，請與獸醫師討論看看。

如何預防在貓砂旁上廁所

確定每隻貓咪都有自己的貓砂盆可以上廁所，最好是多準備一個備用。

在家中排尿

貓咪在家中其他地方排尿的理由是：

- 有膀胱炎（膀胱受到細菌感染）
- 對貓砂盆嫌惡（見第66頁）
- 貓咪不敢使用貓砂盆，因為它被放置在一個家人經過次數頻繁的地方。
- 其他貓咪已經使用過砂盆上廁所，或是在靠近貓砂盆時遭到其他貓咪的恐嚇。
- 牠們正在做記號把家中某部分當成自己地盤。

貓咪排尿可能隨地或是固定在一個地方，隨地排尿並不一定讓人聯想到生病，通常牠是一種宣示領域，或表達禁止侵犯的一種方法，以避免貓咪間的衝突。貓咪在家中隨地排尿是很令人感到困擾的。

如何處理在家中排尿

帶貓咪前往動物醫院做詳細檢查。當你無法監視著貓咪時，將貓咪留置在一個比較容易清理的房間之中，然後另外提供一個貓砂盆。如果貓咪在房間裡時不會使用砂盆，請參照「在貓砂旁上廁所」所使用的處置方法。

如果貓咪在房間裡開始使用貓砂上廁所，慢慢的重新將牠導引到房屋的其他地方，然後將之前上廁所的區域用清潔劑跟芳香劑清潔乾淨。不要讓貓咪在沒人注意下到屋子裡的任何地方。如果牠常是要挖洞和尿尿，你可以用水槍噴牠或是用號角嚇牠，不過不要用肢體或是口頭上的方法去教訓牠。

如果貓咪是在其地盤做記號，那可能是因為家中貓咪之間的社會關係有了些變化。這類做記號情形最常在家中有新貓咪進來時發生。在只有一隻貓咪

的家庭中，此類行為的發生則可能是因為家裡有一位客人連續住了好幾天，或是你的房子有新室友搬進來。同樣的在家門外有其他貓咪靠近，甚至是有陌生的貓咪進入家中時也可能會發生。試著掌握可能誘發貓咪此一行為的主要原因。例如當貓咪常常在窗戶旁邊尿尿時，這可能就是因為對經過窗外的陌生貓咪有所反應。在窗戶上用窗簾或百葉窗遮蔽，並且禁止貓咪出入那些沒有關上門的房間可能可以解決問題。如果你發現家中有陌生貓咪闖入，那麼可以裝置一個可由貓項圈控制的電子式貓出入門。這樣一來可以確保其他的貓咪不會闖入家中。

如果你覺得貓咪可能是因為家中的有些改變而造成壓力，你可以就由每天在一個固定的時間裡，藉由與牠玩耍來提供額外的關注與安定感。這樣可以幫助減少焦慮的情形。

有時候這些行為很難以解決，這時你可以求助於獸醫師或動物行為學家以正確的鑑定出問題所在。

如何預防在家中排尿

確認陌生的貓咪沒有辦法進入家中。提供足夠數量的乾淨貓砂盆給每隻貓咪。不要突然間大幅度改變家中的擺設位置。在新的室友搬入家中隻前介紹給貓咪，並在搬家具時盡量小心。家中如果有新貓咪或新寵物要進來時，漸進的將牠們介紹給貓咪。

在家中排便

貓咪的糞便是為地盤做記號的一種手段—就如同人類挖野外廁所一般。糞便通常會包覆著一層由位於肛門兩邊的腺體所分泌出來的分泌物，當其他貓咪聞糞便時便會收到裡面所包含的這隻貓咪的資訊。在一些常發生爭鬥的地方，貓咪可能會很常使用糞便來替代尿液來為該處做記號。其他在家中排便的理由包括對貓砂的嫌惡、身體健康狀況不佳以及家中訓練不良等。

如何處理在家中排便

遵行跟在家中排尿一樣的執行計畫。這時也可能有一些潛在的心理壓力需要去處理，因此如果問題持續時，請向相關的動物行為學家諮詢此事。

狩獵行為

貓咪是天生的獵人。即使從小由人類餵奶長大，完全與其他貓咪隔絕的幼貓成年後仍可能是一個有效率的獵人。牠們的獵物包括鳥類、囓齒類以及蜥蜴等。而貓咪會帶著獵物回家並展示給主人看是常見的事。

如何處理狩獵行為

因為貓咪大部分都在清晨、傍晚或是深夜的時候進行狩獵，在這些時間內看住他們可以大幅的減少牠們的狩獵行為。

唯一可以完全預防此行為的方法就只有持續的讓貓咪待在家中。貓咪會而且能夠適應這樣的生活方式，並且儘可能提供許多的刺激以滿足貓咪。

其他的方法包括為貓咪綁上有鈴鐺的項圈，或是當貓咪在跟蹤時使用一些驚嚇的道具如號角之類。

然而，此類方法常常無法很成功。貓咪很快就學會在跟蹤之中儘量不讓鈴鐺發出聲音的行動方法。而一些嚇人道具雖可以預防貓咪跳上桌子攻擊鳥類，不過對牠們在別的區域狩獵行為卻毫無降低的效果，尤其是在牠已經在你的視線外時。

國外有一種「解放者項圈」，可以在貓咪有突然的跳躍反應時發出一連串的嗶嗶聲。即使是如此，還是不能保證這個東西完全成功。

在貓咪外出之前先餵食飽飽的，可以稍微減少貓咪狩獵行為的次數。不過即使貓咪已經被餵食的很飽，牠們還是會出外狩獵？牠們只是不吃獵物，但會在殺死獵物之前跟牠玩上很長的一段時間。

如何預防狩獵行為

因為這是一種天性的習慣，貓咪不可能經由教導

而停止狩獵行為。很不幸的，唯一可以阻止此類行為的方法，就是完全禁止跟貓咪可能的獵物的任何接觸。

跳上高處

貓咪喜歡待在高處的空間。大部分的貓咪都會喜歡爬高高的，而椅子、架子、桌子、電冰箱和壁爐頂也正是因為這樣而吸引貓咪。不只是因為牠們可以從這樣的絕佳地點觀察牠們的地盤，而且可以滿足牠們對每一樣事物的好奇心。不過這卻不是很多主人樂於見到的事情之一。

如何處理跳上高處

貓咪可以藉由訓練讓牠不要跳上一些被禁止的桌面。可以在牠們跳上去的時候，使用水槍直接噴牠們的臉，或是使用很大的聲音嚇牠們。在這些東西表面塗上一些滑溜的東西（如蜂蜜）也是嚇阻手段之一。在這些表面上鋪光滑的塑膠布或是塑膠片，使貓咪容易滑倒或掉下來也是一種有效的手段。

---

*上圖：*不要以「人類道德」來加諸於貓咪身上並認為牠們天生的狩獵技巧是殘忍的事－貓咪只是在磨練其與生俱來的狩獵技術。

如何預防跳上高處

- 從小就開始訓練你的貓咪。
- 當貓咪滿心期盼的待在地板上或是鄰近的椅子上時，不要在桌子上調理牠的食物來刺激牠。在貓咪抵達前就應該要準備好食物，然後放在牠進食的區域中。
- 為你的貓咪準備屬於牠的高處空間，例如架高的貓籠或是專供貓咪休息的架子並且撲上牠的床墊以便讓牠俯瞰這個世界。

在家具上磨爪

貓咪在物體上磨爪，是為地盤作記號的意思。此記號提供了視覺上的象徵，以及位於腳底的腺體所分泌的氣味，會在磨爪過程中殘留在記號上。貓咪喜歡的磨爪地點通常是直立的木質表面，戶外的話就是樹幹以及圍牆籬笆的表面，室內的話木製家具則是最佳選擇。

如何處理在家具上磨爪

貓咪通常喜歡在剛醒來的時後磨爪，所以在貓咪睡覺的區域旁邊提供磨爪棒（貓抓板）供其磨爪是個理想的主意。

貓抓板通常在質料、形狀以及尺寸上都有很多不同的樣式－不過貓咪似乎最喜歡木製的並且包上一層地毯的樣式。其他樣式則有由鋸齒狀可以撕碎的紙板組合而成，或是使用粗麻布當作外層的樣式。

如果你的貓咪堅持使用家具當作貓抓板，這樣的話還有兩個選擇：訓練貓咪只能在特地區域裡磨爪，或者是藉由剪短貓咪的爪子減少對家具的傷害，以保護家具。貓咪的爪子也是與狗兒一樣，是

上左：貓咪是天生的好奇心強並且喜歡發掘桌上的東西，特別是牠們可能在那裡發現食物。

上右：貓咪通常喜歡在直立的東西上磨爪，不過如果你並沒有為牠準備，那麼你的沙發的扶手很可能因此遭殃。

可以修剪的，而且如果從幼貓時期就常常為牠修剪，貓咪也可以很愉快的接受整個修剪過程。你可以請你的獸醫師示範完整修剪爪子的過程。一般來說貓咪大約每四到六星期左右便需要修剪一次。另外一個選擇的方式是為貓咪的爪子塗上塑膠外膜——這是一種類似人類趾甲油的膠狀物質。

如果要訓練貓咪不要拿家具來磨爪，你必須要隨時保持警覺，而且貓咪不能在沒有人監視下單獨待在家中。手上隨時拿著一支水槍，並在貓咪嘗試要磨家具時噴牠，或是使用號角來嚇牠。另外一個方法是在磨爪區域用氣球作一個嚇人陷阱，當貓咪要磨爪時氣球就會爆破而嚇到牠。

如何預防在家具上磨爪

鼓勵你的幼貓多使用磨爪棒－在棒子上吊掛一個玩具，或是在磨爪棒附近粘上一些貓薄荷刺激貓咪靠近（然而，並非所有貓咪都喜歡貓薄荷）。

去爪

這項方法應該是無計可施時，最後才被考慮的解決方案。「去爪術」是一種以手術方式摘除貓咪前腳每隻腳趾的第一個關節處的方法。其實這是一種近似截肢的處理，而且會造成手術後的疼痛，更糟糕的是去爪後的貓咪有可能一輩子都會經歷到莫名的疼痛。

本項手術方法在某些國家是屬於不合法的，例如英國即是其中之一。

如果貓咪的主人肯花時間跟精力去訓練貓咪不在家具上磨爪，以及經常性的為貓咪修剪爪子的話，那麼去爪絕對不是必要的方法。

上圖：貓咪需要一個眺望的空間，如果沒有供應牠們一個供攀爬的設備如貓籠或是架子，牠們可能會因此常常攀爬上窗簾。

喵叫與哭叫

有些貓咪可能會非常的愛叫，並且就像在「說話」一樣持續不斷。一些東方品種的貓咪（如暹羅貓）比其他貓種更容易發生此一行為。這些貓咪會變得十分黏牠們的主人並且需要陪伴，而牠們喵叫大都是出自於天性。

未結紮的母貓在發情季節時都會比較容易喵叫甚至哭叫，而未去勢的公貓在尋找伴侶時也會有一種特殊的喵叫聲。

當叫聲變得頻繁，而且是突然開始發生在一隻以前很安靜的貓咪，那可能是跟一些健康上的問題有關，例如甲狀腺亢進，或者是在年老的貓咪身上發生所謂的認知失調以及「貓阿茲海默症」的可能。如果貓咪在健康上沒有問題，那麼這可能是分離焦慮的前兆。如果貓咪在看不見主人的時後就開始喵叫，而在主人出現時就安靜下來，那這就可能是貓咪有分離焦慮（見本頁右側）的問題。

如何處理喵叫與哭叫

如果此一問題發生在一隻先前相對安靜的貓咪，那麼請帶著牠前往動物醫院作完整的健康檢查。

如果身體方面沒有任何問題，想想看之前是否在貓咪的生活方式以及環境上有什麼重大的變更，有可能會造成貓咪心煩意亂。

如果貓咪在你身旁喵叫並且用身體摩擦你，但是你不在時卻十分安靜，那可能就是貓咪在尋求你的注意，嘗試著每天預留一些時間陪伴你的貓咪。在其他時後則忽視貓咪的喵叫，而在安靜下來後才輕撫貓咪一下。貓咪獨自在家時，提供許多貓咪有興趣的東西例如玩具等來陪伴牠。

避免喵叫與哭叫

- 確定貓咪能整天從自動餵食器自由獲得飼料。
- 家人輪流為貓咪餵食以及與牠玩耍。
- 安裝一個貓咪用的出入門使牠想出去時不需要求助於人。
- 當貓咪正在哭叫時，不要驅趕牠。
- 每天給貓咪足夠的時間陪伴牠。

- 如果你本身十分忙碌，想辦法養兩隻貓使牠們能夠互相陪伴。而且最好是能夠兩隻貓咪都從小養起，而盡量不要帶一隻幼貓或成貓回來介紹給家中的成貓。

分離焦慮

有些貓咪可能會變得非常的黏人，因此在主人離開後牠們會變的很不快樂。這些貓咪需要頻繁的與主人接觸。牠們在主人離開時會不斷的哭叫，即使主人只是去隔壁的房間而已。此一狀況最常在一些東方系的貓咪，或是被人類從小餵奶長大的貓咪上發生。

如何處理分離焦慮

- 鼓勵貓咪與家中多個成員產生依賴關係，不要集中在一個人。
- 當貓咪要被單獨留在家中時，提供許多環境中的刺激例如新的玩具或是可以供牠啃咬的餅乾和骨頭。
- 不要對貓咪經常的撒嬌和需求讓步，只有當你想與牠玩才撫摸牠，其他時間則選擇忽視牠。
- 盡量對貓咪的生活作息建立許多規則以及固定生活習慣。
- 在一些極度嚴重的例子中，給予抗焦慮藥物是有必要的。

如何預防分離焦慮

- 確認家中所有成員都與貓咪有所互動。
- 不要理睬貓咪企圖引起你注意的行為，依照你的方式和需求來與牠培養感情。
- 不要將從小由人餵奶長大的貓咪一直帶在身邊，訓練牠能夠獨處並給牠填充玩具以及熱水瓶以滿足所需。
- 不管牠們是如何被帶大，有些貓咪就是會表現出此類行為。

第六章

育種與繁殖

家庭中的新成員

幼貓是非常可愛和令人愉悅的，不過在你決定讓家中的混種貓咪生產之前，請先問問你自己有多大的把握可以讓牠們找到一個良好的歸宿。請記住每年都有數以千計的幼貓在收容機構中被安樂死。

目前並沒有證據顯示讓你的母貓生育對牠有任何身體上或是精神上的好處，所以不要覺得當牠6個月大時為牠結紮，像是剝奪了牠的什麼權利。如果你已經有6到8個朋友渴望等待你的貓咪所生下來的小貓時，那你就可以在沒有良心問題之下放心的讓牠生育。如果你的貓咪是有優良血統，而你也為牠找了一隻有冠軍血統的公貓，那你就可以安心的準備安置牠們的幼貓。

可以詢問購買貓咪時的寵物店或是公貓的主人，問他們看看是否有正在等待領養幼貓的名單。

如果你真的想讓你的母貓生育，建議至少能稍微延後到牠一歲以後。雖然說貓咪在6個月左右就已經具有生育的能力，但如果讓牠們再成熟一點會更好。

當你的貓咪第一次進入繁殖季節（又稱為「發情期」），你將會注意到貓咪行為有非常明顯的改變。牠會變得非常的友善，在地上打滾，以及用你以前從未聽過的聲音來喵叫。當你撫摸牠的背部時，牠會翹起牠的臀部並且用牠的後腳踏步。

如果你的貓咪並不是什麼純種貓而又到了可以生育的年齡時，那麼你該做的事就是在發情的季節放牠到外面去走走，在外面徘徊的公貓很快就

上圖：雖說混種的幼貓可愛程度絕對不輸純種的貓咪，不過他們比較起來還是難以出售或是送出。因此在讓你的混種母貓配種之前，請再三考慮以上的問題。

下左：像圖中的「脊柱前彎」的身體前傾姿勢，就是典型的母貓發情時的坐姿。

下右：在發情中的貓咪會藉由排尿或是在家具上摩擦，在家中的東西上留下氣味的記號。

會發現牠。不過在你做這件事之前,請先確定是否做好所有預防注射,以及驅除腸內寄生蟲和做好對跳蚤的預防工作。

貓咪是屬於誘導排卵,意思是配種過程才會引發貓咪的排卵(卵子從卵巢中被釋放出來)。母貓通常會在發情期中與好幾隻公貓交配,因此一窩幼貓中通常會有不同的父親。當一隻母貓成功的完成配種之後,牠將不會再顯示出任何發情的徵兆。

如果你的母貓是隻血統純正的貓咪,那麼你該做的就是千萬不要讓牠出門去。因為公貓可能會在你家的草坪上「紮營」,或是在你們家的窗戶下徘徊。另一個壞消息是你的母貓在冬末春初之際,將會每3個星期發情一次直到牠成功的配種為止。

為了幫你的母貓安排一隻合適的公貓,你可以洽詢購買時的寵物店,或是居住當地的貓咪俱樂部等機構。在把貓咪帶去之前,試著先看過公貓一次。另外確定一下寵物店是否登記有案,以及公貓是否確認沒有疾病和定期接受預防注射。習慣上都是將母貓送去和公貓配種,因為有些公貓在不熟悉的環境時會注意力分散而無法完事,而有些母貓在突然有公貓闖進其領域時,甚至可能會攻擊公貓。

懷孕期(指配種到幼貓出生為止)大約會持續56到63天左右。在這段期間內貓咪應該被餵食所需要的高品質食物。市面上的貓食也可見到許多針對懷孕/泌乳期的貓咪的特別處方,而使用這些處方貓食應該是最容易的方法。如果你選擇餵食自行

上圖:一個典型的交配過程。公貓先是靠近母貓的頸部,然後牠會從母貓身上下來,
不過母貓通常會在此時轉身,並對牠發出嘶叫。
下圖:懷孕的母貓通常仍相當敏捷和愛玩,直到牠們接近分娩的時間為止。

烹調準備的貓食，你可能會需要給予額外的鈣質補充。建議向你的獸醫師徵求相關建議。你的貓咪必須要每個月驅除腸內寄生蟲，以及使用一些比較不會對幼貓造成傷害的藥劑來驅除跳蚤（請與獸醫師洽商）。

在貓咪懷孕的過程中，讓牠慢慢去習慣你為牠準備生產的地方。這可能是準備一個特別的籃子或是箱子，放在不常用到的房間或是更衣室裡。牠需要一個可以讓牠感覺到安全與舒適的地方，而且是很容易就可以保持溫暖及清潔的區域，如果能讓牠在懷孕期間就睡在該處，將會有很大的幫助。

生產過程

在開始生產的前12小時左右，你會發現貓咪顯得坐立不安和焦慮。牠可能會比平常吃得少，發出喵叫聲以及尋求人的陪伴。鼓勵牠待在預定生產的區域中，並且在時間允許下，陪伴在牠的身邊並鼓勵牠，使牠放鬆。

終於子宮收縮將要開始，在這個階段中最好是讓貓咪獨處。每隔20分鐘左右查看一下牠的情形，或是讓一個家人留在房間裡陪牠。有些貓咪（特別是亞洲種）有可能會在生產的過程中感到驚慌，尤其當牠們是第一次生產時更是如此。牠們可能會丟下幼貓，並且緊跟著主人身邊哭叫。這種情形的貓咪通常需要給予鎮定，所以最好是與你的獸醫師聯絡。

幼貓出生的間隔時間變化很大，通常是每隻間隔在30到60分鐘左右。不過偶爾也會發生間隔數小時之久的狀況。如果你的貓咪並不會感到疲倦或是過度緊張，那就不必過度操心。不過如果貓咪看起來十分虛弱或是疲倦，對牠剛出生的幼貓看起來沒什麼興趣，趕快與獸醫師聯絡。如果你的貓咪在持續的用力20分鐘後，卻仍沒有幼貓產下，那最好盡快尋求獸醫師的協助。

貓咪是極為優秀的母親，牠們會很快的清理幼貓並吃掉胎盤、胞衣等。許多貓咪在完成整個生產過程後，會舒服的呼嚕呼嚕叫。如果你發現有任何狀況使貓咪在幼貓出生後不清理幼貓，那你就必須介入生產過程。使用乾淨的手去清理幼貓的嘴部週邊黏液，然後用乾淨的毛巾搓揉幼貓身體。並且使幼貓頭部朝下，使在呼吸道中的液體可以順利流出。

扶養幼貓

在自然情形下，剛出生的幼貓必須每10到20分鐘左右餵食一次。如果發現幼貓在這方面有任何困難，盡快帶去給你的獸醫師檢查。在貓咪餵養幼貓之時，對其飲水和食物不要有任何的限制。

幼貓在生產後2到3個禮拜左右，就可以開始接觸固體的貓食。你可以提供牠們市售的幼貓專用飼料。你也可以另外餵食牠們市售的貓咪專用奶粉。不要餵食牛奶或是羊奶，因為其中所含的乳糖可能會使幼貓沒有辦法完全消化。

上圖：生產的過程——出生、吃掉幼貓的胞衣、以及清理幼貓

提供兩個貓便盆給牠們，並且每天做固定的清理。3到4週齡大的幼貓會自然而然的學會使用貓砂上廁所。

你的母貓必須每個月驅蟲一次，而幼貓則從2到3週齡開始需要每兩個星期驅蟲一次，直到牠們3個月大為止。跳蚤的預防在母貓餵奶過程中仍須持續，並使用一些對幼貓較無毒性的產品。幼貓並不需要另外預防跳蚤，直到牠們夠大要離開家為止。

幼貓在約7到8週零左右就可以斷奶離開母親。

你的母貓在這時期開始會漸漸的花較少的時間去關心幼貓，而幼貓也可以開始完全餵食固體的貓食。

有一點非常重要，就是幼貓在2到8週齡之間可以嘗試與人接觸。如果在這段期間都沒有接觸過人類。那將來牠們會變得比較害羞，甚至對人有攻擊性，或者是在家裡很難找到牠們。越多新事物的接觸，越不會造成恐懼的刺激，包括其他動物以及吵鬧聲，都會使牠們以後更容易適應新主人及新的環境。

新生的貓咪看不到也聽不到，不過牠卻有著極敏銳的嗅覺

大約在1週齡後，貓咪的眼睛已經睜開，而聽覺正開始發展

在3週齡左右，幼貓已經可以運用牠的四肢

一隻6個月大的幼貓已經可以應付外界的所有情況

貓咪的感覺發展

第七章

進入老年期

快樂的退休生活

在最近的數十年以來，貓咪的平均壽命比起過去至少增加了兩年之多，而這大部分歸功於較佳的營養以及健康照顧。因此現在貓咪群體中老貓的比例也明顯的較以前多，而就像老年人一樣，牠們需要特別的照顧。

老年的徵兆

隨著年齡的增長貓咪健康情形也會慢慢的退化，雖說目前並沒有任何方法可以阻止這個老化過程，不過卻有辦法使其對貓咪的影響減到最小。所以請記得紀錄下年老時的徵兆，並且給予你的貓咪牠所需要的額外幫助。

被毛以及爪子的改變

大部分的貓咪在年老後並沒有明顯被毛變灰白的現象，但是老化過程中被毛會有增長的傾向，即使在短毛品種身上亦是如此。而由於牠們的關節活動能力變差而無法有效整理全身的被毛，因此貓咪原本光滑柔順的被毛會開始變得蓬鬆雜亂，像個毛球似的。另外由於趾甲的生長速度也加快，所以修剪的頻率也會提高。

熟睡

貓咪老年後的另外一個徵兆，就是逐漸變深和變長的睡眠狀況。老貓比較容易因突然驚醒而受到驚嚇，甚至如果在被碰觸的情形下驚醒，還有可能會嘶叫或甚至抓傷人。

○ 將老貓的床鋪放置在家中一個安靜、不吵雜的地方，使牠休息時可以舒服的放鬆
○ 警告家中的兒童不要隨便去打擾牠
○ 盡可能的讓家中其他寵物與老貓保持距離

進食和飲水習慣的改變：

你家的老貓可能會經歷到食慾的降低，甚至厭食的情形發生——這可能是因為牠也有進食和飲水上的困難。這些病徵通常跟牙齦的發炎（牙齦炎），牙結石生成以及牙齒脫落有關，而這些正是老貓常見的問題。

老貓可能同時也有口渴、飲水量增加的問題。這有可能是正在形成的腎臟疾病或是其他病症發生的警訊。

藉由調整更換飲食為較易消化的食物，可使老貓在進食上有所幫助。許多獸醫師會推薦相對蛋白質含量較低的貓食，以降低對腎臟負擔。不過並不

上圖：老貓需要額外的特別照顧。梳理自己的被毛對牠們來說會變得比較困難，因此需要經常的幫牠們作梳理。

是每個獸醫師都同意這樣的觀點，因此最好與你的獸醫師討論，他會建議你最適合貓咪的飲食處方。

能藉由經常性的身體檢查以及例行的血液採樣檢查來監測腎臟以及肝臟的功能，這樣對老貓來說才是最好的。

體重減輕

即使貓咪的食慾仍然正常，這項改變卻可能在數個月內慢慢發生，而且因為這項改變是漸進的，所以你很有可能根本沒有注意到。其中一個可能的原因是甲狀腺的亢進，然而這是可以被治療的。

消化問題

隨著貓咪年齡漸長牠可能開始有牙齒以及牙齦的問題，這可能使牠難以咀嚼食物，牠的消化系統的效率可能也不如以往。消化系統的病徵包括嘔吐出食物或是含有膽汁（帶黃綠色）的唾液，下痢以

及便秘。對於這些情形可做以下的處置：

病徵包括嘔吐、下痢以及便秘。飲食上的重要變更應該包括：

○ 一天分3或4餐餵食，少量多餐(如同幼貓一般)
○ 飲食中給予較高比例的濕貓食（如貓罐頭）
○ 給予含有比較容易消化的蛋白質（例如水煮蛋的蛋黃）
○ 改成餵食由你的獸醫師所建議的處方飼料

關節的變化和關節骨炎

關節炎以及關節骨炎的早期症狀包括起身以及剛開始行走時關節僵硬；這樣的情形會日漸明顯。在比較嚴重的病例上可發現有走路困難、後腳虛弱無力、跛行和疼痛症狀。

有三分之二的貓咪關節骨炎病例都是由主人發現的，因此當你發現上述任何一症狀時，立刻告知你的獸醫師並遵守他（她）的指示。

下圖：被毛顏色改變可能是老化過程中的一部分（就如人的頭髮變灰），然而這樣的改變也可能是因為健康情形不佳所造成。

治療方法包括：

○ 每天給予非類固醇性抗發炎藥物（以藥丸形式長期服用）
○ 服用可以促進關節液產生的藥物
○ 多種順勢療法以及天然藥物，例如取材自貽貝萃取物、藥草或是鯊魚軟骨。

膀胱容量與膀胱控制能力的降低

一隻年老或是患有關節炎的貓咪通常都會有膀胱容量降低的問題。早期的徵兆之一可能是頻繁的外出或是上好幾次貓砂。晚期則開始對膀胱失去控制能力（小便失禁），會在牠自己坐下、躺下或是睡覺的地方留下一小灘尿液。

便秘

一隻年老的貓咪在排便上會比較困難，這常常是因為椎間盤間隙的不正常造成。關節老化的發生可能改變老貓，使牠無法由正常的姿勢去排便。因為貓咪時常會在屋外排便，有時你會不太容易察覺問題的發生，所以當你的貓咪年紀漸長時，你必須要更仔細的去注意觀察牠。

如果便秘的情形一但發生，試著與你的獸醫師討論可行的補救方法，包括在飲食中加入少量的藥用石蠟油，或者乾脆改用較適合老貓的處方型貓食。

聽力衰退

耳聾初期的一些現象可能還不容易被發覺，因為這現象是漸進而且許多貓咪都可以馬上適應。早期的病徵之一，就是很可能會聽不到你平常呼喚牠的聲音。

因為貓咪聽力的退化，使牠比較容易發生意外。有可能會聽不見駛近你們所在處或馬路中開向牠的車輛。

視力衰退

在發生的初期，視力衰退是不容易被察覺，中後期的徵兆包括：

下圖：有些貓咪可以比其他貓種的更容易適應衰老。圖中這隻貓咪正要邁入20歲，並且有著良好的生活品質。

○ 眼球呈現藍色的色彩（角膜受影響）

○ 眼球中心出現白色（白內障）

○ 貓咪會撞到如傢俱等物體

○ 貓咪討厭夜晚以及／或是陽光強烈時外出散步

　　就像對待失明人所做的一樣，不要隨便移動家裡傢俱位置，以及注意保護貓咪的安全。即使是一隻半盲，甚至全盲的貓咪可以在熟悉的家庭環境中，過著可接受正常品質生活，直到老去為止。

衰老

　　徵兆包括：

○ 失去方向感

○ 焦慮不安

○ 引起你關心的需求數增加

○ 喵叫次數增加

　　就像老年人一樣，年老的貓咪也有脾氣好或脾氣壞的日子之分。因此你必須學著去適應，以及去容忍和體諒貓咪的需求。隨著狀況的進展，你可能會越來越需要你的獸醫師建議及參與，和藥物需求的提供。

如何照顧年老的貓咪

　　你可以依照下列的建議來為你的老貓減輕牠體重的重力壓迫：

○ 放置一些床墊或是地毯在貓咪最喜歡躺下的地方，並且遠離烈日以及潮濕的地方。

○ 為可能造成貓咪摔倒的環境作一些保護措施：比如說在樓梯和台階等地方設置柵欄，以及確認貓咪不會從陽台上跌落。

○ 如果家裡的老貓開始變得食慾較差，可以試著稍微加熱牠的食物，或者更換口味較好的貓食。

○ 根據每天活動量來調整餵食的量，因為如果貓咪運動量減少，必定會有

體重增加的傾向，而一隻超重的貓咪相對比較容易發生心血管疾病。可以向你的獸醫師洽詢關於一些針對特定健康情形（如年老後腎臟問題）所調配的特殊處方飼料。

○ 監測貓咪一天所攝取的水量。如果飲水量似乎有增加的趨勢，建議與你的獸醫師討論此一情形。

○ 定期帶貓咪前往動物醫院做健康檢查。預防注射仍需要按照既定時間接受補強，另外還有牙齒與牙齦的檢查。而例行的血液檢查項目可以幫助了解健康情形。

○ 如果你有出遠門的需要，儘量安排朋友到家照顧，或寄養在熟人家中，而非寄宿於寵物店等地方。

下圖：老貓需要額外的溫暖和舒適感，因此牠們會花掉一天中大半的時間窩在自己的床鋪中休息。

考慮下一隻寵物

當你的貓咪逐漸老去時，你可能會考慮再帶一隻新的較為年輕的貓咪或是幼貓回到家裡。雖然你可能需要花一些時間讓兩隻貓咪相處融洽，並且在防止貓咪之間的紛爭多費心，不過這樣的方法製造出了一個轉變期，藉著適應一隻新貓咪不同的需求跟脾氣，可以幫助你面對逐漸逼近可能失去一個老朋友的狀況。

不過反過來說，你也許會考慮等待。因為照顧一隻老貓對你來說可能已經無暇他顧，根本沒有時間跟心思從老伴侶身上移開，而再去應付一隻較年輕的貓咪或是幼貓。

如果你對這些東西還有疑問，不妨與你的獸醫師或是動物醫院裡的護士討論你所遇到的問題。他們應該都有聽過相當多與你相同遭遇主人所遇到的情況跟經驗，並可以提供你一些有用的建議。

不管你在什麼時候得到貓咪的替代品，你都必須先決定你想要什麼樣的貓咪，而且可能要為這個新的個體，學習一套全新的照顧技巧。

「那一天」的到來

在這段時間可能是你與貓咪關係中最為艱苦難過的日子，然而就另一方面來說，這也可能是你最後一次可以回報貓咪的機會。這是你最後的一個機會，可以來回報貓咪從前陪伴你所有快樂日子中，所帶給你的愛和對你的奉獻。如果你能知道剩下的日子裡可能會發生什麼事，你就必須學習自己堅強起來能去陪伴牠。

當你的貓咪變得越來越虛弱時，牠對你的依賴也會日漸增加，而花費在照護過程中的時間也會相對增長。

當貓咪的嗅覺逐漸退化時，牠對於食物香味的敏感度也隨之變差，此外對於牠的食物就可能會變得比較挑剔。這時你可能必須要告訴你的獸醫師此項問題，並且試著選另外一種貓咪可能會喜歡類型的食物。

對膀胱以及尿道擴約肌控制能力的喪失，可能會導致許多需要清理的「災難」。如果你的貓咪是睡在籃子或是貓床上，那麼牠的床墊可能需要經常的更換與清洗。

聽力與視力逐漸退化，可能會對你和貓咪的生活都造成困難，你的貓咪可能會因此而失去方向感，所以更需要你日夜都更加去注意牠的狀況。

給你的貓咪牠需要的關注。如：身體上的接觸，以及充滿了愛心的撫摸按摩，這些都是非常重要；所以儘可能的多花時間陪在牠身邊並溫柔撫摸觸碰你的貓咪，以便讓牠知道你就在牠身邊，以及你有多關心牠。有時候一個年老或是垂死的貓咪會發出較多的咕嚕聲。而為什麼會發出這些聲音目前還無法解釋，不過對主人來說可能是在這段壓力很大的期間比較能安撫人心的聲音。

最後的決定

有些時候，這個最後的決定不須由你來做，因為貓咪的死亡可能來得非常快速且自然。

然而，在許多情形下，這樣的時刻並不會自然到來。身為主人的你，必須對是否進行「安樂死」下最後的決定。這個決定也許可以很容易，但你也會發現其實是非常的困難。因為即使我們每天、每年都不斷的在電視、錄影帶或電影中見證死亡（人或是動物），甚至一年好幾百次。但是社會上大部分的人們都沒有親身參與過死亡的過程，尤其是在毫無心理準備的「真實世界」中。

如果你家中有小孩，與他們討論這個狀況，並且讓他們能發表意見與感覺。談論關於養貓的正面看法，並且解釋不管如何的細心照顧一隻貓咪，牠的壽命終究會比我們所預期的還要短些。

影響你決定中最關鍵的因素，應該是怎麼樣對貓咪來說才是最好的，而不是站在你以及你的家人觀點來看。你應該可以在獸醫師的協助下做出這項決定，而他們也常是最好的諮詢者以及意見提供者。

上圖：動物長期以來都是藝術家所喜愛作畫的對象，而一張寵物的肖像畫是紀念你們
曾經共享時光的極佳紀念品。

一般來說獸醫師跟他們的員工都可以了解你失去貓咪的感覺。因為他們可能每天都會面對這樣的情況，而且他們其中也有很多人曾經自己飼養過貓咪，而面對過相同的狀況。他們可以理解你的失落感與悲傷，但也清楚他們可以在非常人道的情形下，安詳結束貓咪所受到的苦難。

悲傷的過程

悲傷是人類當摯愛的貓咪或是其他寵物死亡時，所會有的自然反應，而你也需要把它宣洩出來。以下是5個已經被整理好的悲傷過程分期，而你可能在失去你的貓咪後逐一經歷這些情緒上的分期。

1. 否認與沮喪

當你知道你的貓咪已經進入生命的最後一段日子時，可能會導致你的意志消沉。有時候這會是下意識的，且不會馬上被你身邊的人察覺。你可能會說服你自己說「獸醫師的判斷是錯的」，或者「事情其實沒有他們認為的那麼嚴重」以及「一定還有其他可行辦法」。這樣反應可能減緩了你正經歷在情緒上可能的爆發。

2. 條件交換

在人悲傷過程中，包含可能提出某些條件來給所愛的人。雖然這類事情比較少發生於對待寵物身上，但你可能還是會自言自語說：「如果你好起來，我會讓你睡在我床上」之類的話。

下圖：讓家中的每一個成員參與安樂死的決策過程是很重要的，因為每個人都需要一點時間跟貓咪說再見。

3. 痛苦和憤怒

你在情感上的痛苦有可能會引發憤怒情緒，並且將此情緒施加在某人身上，尤其是和你親近的人甚至是你的獸醫師，有時也會直接反應在自己身上，造成如自責和罪惡感。在這個階段，你的獸醫師所給你的支持可能是特別有效。因為此時負面的心情並未完全建立起來，而你需要把它改變成為正面的思考。

4. 悲傷

在這個時期憤怒與罪惡感都已經消失，而你必須去面對事實：你的貓咪已經死亡，這時唯一剩下的只有空虛感。如果在此時你所受到的支持與鼓勵越少，這樣的空虛感就會拖越久。如果你的家人或是朋友沒有辦法支持與鼓勵你，那麼你可以轉向其他的來源去尋求。例如你的獸醫師、寵物葬儀業者或是專業心理諮詢師。

5. 接受與解決

平均來說，這大約需要花費3到4個月的時間，但是你的悲傷最後終會結束。發掘回憶將會取代悲傷，而感謝也能夠取代失落的感覺。你對貓咪所留下的感情將會持續存在，並且當你回想起你們一起時的快樂時光，你將不會再有負面的失落感覺。你甚至可以因為獲得一隻新的寵物，來紀念那段美好時光。

藉由了解悲傷過程中的各個階段，以及你的家人，你的朋友還有動物醫院的員工們可以如何來幫助你，你就可以用最少的痛苦和最多的愛，來應付這個失落過程。

由於我們寵物的壽命注定比我們短得多，因此一個主人終其一生，平均可能必須承受心愛的寵物離開我們的失落感達5次以上。每一次這樣失落的發生，主人必定會經歷這樣的悲傷一次。而且這樣的悲傷感覺並不會因為多經歷幾次，就會覺得比較好過一些，因為每一隻寵物都是獨立的個體，而主人都會分別為牠們感到哀傷。

安樂死

最常見的安樂死程序就是經由靜脈注射方式，給予過量的麻醉劑。這個過程是完全無痛，而且貓咪會在短短15到20秒之間就完全失去意識。你可能會希望在整個過程中都能在旁觀看，或者你也可以選擇不要觀看整個安樂死的過程，然後在結束後來道別。看與不看完全由你自己決定。

你的獸醫師以及協助安樂死的獸醫護士都會了解你所正在經歷的情緒，而你的眼淚正是自然天性的反應。而他們的責任之一，就是幫助你面對悲傷的情緒。

火化或是安葬

你的獸醫師都會協助你決定下一步該進行什麼，如果有需要，他們可以找到安排接下來事宜的人。你可能會想要為你的貓咪舉辦火葬，到時將會有一個裝骨灰的罈子或棺材交還給你。而這可以選擇埋葬或是保存在家中，如果你希望將牠土葬你可以葬在自家的花園中，或者是安放於動物墓園中。

心理諮商

對有一部分的主人來說，悲傷遲遲未消除會變得難以忍受。如果這樣的情形發生在你身上，不要繼續忍受 — 這時可以尋求協助。你可以考慮接受傳統的心理諮商服務，但是在某些國家（特別是在美國）一些獸醫的訓練教學機構也有與社工合作來提供諮詢狗主人。另外，你的獸醫師也可以給你一些心理上的建議。

下圖：老貓的關節會變得比較不靈活，這使得牠們無法用舌頭梳理全身的每一個地方。因此原本光滑整齊的被毛便會開始雜亂。

第八章

保護你的貓咪健康

獸醫師的臨床教學

為了保持貓咪身體的健康與舒適,你需要有持續性的健康照顧計畫。其中有部分是來自身為主人的你,而另外一部分則由該地區的動物醫院所提供。

動物醫院不僅僅是治療疾病的中心,他們的獸醫師以及員工們通常也是提供實用資訊、特殊的貓咪產品以及友善建議的最佳來源。

大部分的動物醫院也是非常有價值的公眾資訊中心,他們可以提供例如區域的住宿設施、貓咪的美容店家、貓咪的臨時陪伴照顧服務等資訊。許多的醫院也都設有公佈欄可以將一些資訊公佈於此,例如寵物遺失或者是為幼貓找一個新家等。

獸醫科學在這些年來的變化十分快速,尤其是最近10年的進步更是相當值得注意。放射學(X光)以及例行性的血液採樣,現代化的診斷工具如超音波學(超音波掃描儀器的使用)、核磁共振造影(MRI)以及電腦輔助斷層掃描(CAT)。

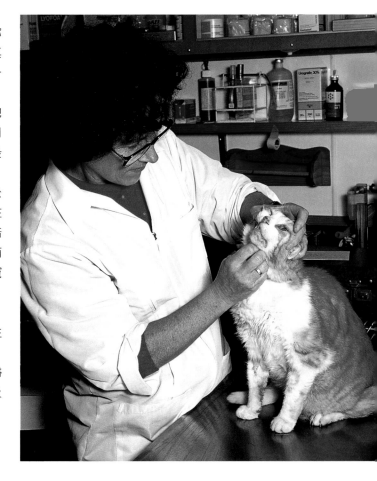

上圖:放射診斷只是獸醫外科學中眾多診斷方法之一。

下圖:當你的貓咪10歲或甚至更老時,牠應該每年接受完整的獸醫檢查。

獸醫其他領域的專業化還包括了：

o 麻醉學

o 整形外科學

o 眼科學

o 內分泌學

o 皮膚科學

o 動物行為學

o 牙科學

o 內科學

o 外科學

o 放射學

o 影像診斷學

在用於診斷和治療上的方法——許多是古典及現代並陳——已經是被承認許可用來照顧動物健康的一部分。例如補充獸醫學（或稱補充和非傳統獸醫學—CAVM，有別於西方傳統醫學），其中許多方法在人醫方面已經被使用多年，但是被整合入獸醫臨床實務上，卻只是近幾年的事而已。例如，現在有些特別接受過訓練的獸醫師，能使用獸醫針灸學以及針灸治療（以針灸針、注射針筒、低功率雷射、磁石以及其他用於診斷治療的技術，來檢查或刺激動物身體上特定部位的點）；獸醫推拿（經由操作和調整特定關節，尤其是脊椎以及數處顱骨來檢查、診斷、治療）；獸醫指壓治療；順勢療法、食療，甚至使用花香精油（真花的萃取物稀釋液）療法。

上圖：推拿治療是一種相對較不傳統的獸醫學新方法

免疫系統

　　動物的身體裡就和人類一樣，有著許多的防禦疾病的機制可以幫助牠們抵抗來自外界的微生物病原體侵襲。

　　健康皮膚就是一個良好的物理屏障，另外位於鼻腔、氣管和支氣管的黏膜組織，可以幫助捕捉外來物質以避免其進入肺部。其他的初級屏障還包括胃部分泌的胃酸，可以殺死許多入侵的微生物，以及小腸黏膜所分泌的黏液亦能成為一道屏障。肝臟則可以摧毀細菌所產生的毒素。

　　上述這些防禦機制在動物身體健康的情形下都能夠良好的運作，不過在身體虛弱、不健康，或是肉體或精神上緊張的情形下，其防禦功效都將會大打折扣。

　　絕大部分能夠導致疾病的微生物，其主要組成成分都是蛋白質。如果微生物一旦穿過初級屏障，則貓咪的身體會很迅速的偵測到它「外來」蛋白質特性，並產生出能對抗它的抗體。對抗疾病的抗體是由主要位於淋巴結以及脾臟中，特殊化的白血球細胞所產生。抗體本身則持續在血液系統中循環，並且非常專一的只破壞那些刺激它們產生的微生物（抗原）。

　　當貓咪的身體第一次與疾病產生接觸，不管是經由環境感染或是因預防注射，免疫系統都會需要10天以上的時間才能產生抗體。但是當第二次遭到同樣疾病侵襲時，抗體的產生將會非常迅速，而能夠在疾病發作前就被完全控制住。

　　抗體的力價（濃度）是隨著時間而遞減，但是如果在抗體有效的這期間疾病抗原再一次侵襲（不論是由外界感染或是追加預防注射），抗體都能夠很快速的再被產生。通常經由預防注射所產生的免疫能力，都無法像自然狀態下被疾病感染所產生

上圖：幼貓從母貓的母乳中獲得抗體，而使牠們能夠抵抗某些特定疾病直到6到12週齡大為止。

的「自然免疫」般能夠維持長久。因此這可以
解釋為何需要定期追加預防注射，以持續保護
動物的健康。

被動（母體）免疫

所謂的被動免疫，是指在新生的動物經由
母親方面獲得對抗疾病的抗體。

剛出生的動物要發展出一套基本的免疫系
統，基本上都需要至少數週的時間。為了能保
護牠們度過這段期間，牠們會從母親那裡接受
抗體以作為被動免疫之需。其中有部分抗體是
在幼貓仍在母親子宮內的時候進入牠們體內，
不過絕大部分的抗體仍是經由母貓分泌的乳汁
或是「初乳」中得到。對出生的幼貓來說，這
段期間是個相當危險的時期，因為只有在母貓
分娩後1到2天這麼短暫的期間中，產生的這
些初乳抗體才能被幼貓所吸收。如果母貓生的
這一胎隻數比較多，那麼先出生的幼貓會比後
出生的有機會獲得吸到母乳得到初乳抗體，所
以即使同胎的幼貓獲得被動免疫的強度也會有
很大的差別。

但是母貓所能夠提供的抗體，僅限於牠曾
經有被感染過，或是藉由所接種過的預防注射
中所包括的疾病。然而，如果一隻母貓從來都
一直生活於與其他貓咪隔絕的環境中，那將只
有少數幾種疾病的抗體可以提供給幼貓，幼貓
也將因抗體少而會比較容易感染疾病。因此，
常懷孕或用於育種的母貓都必須要接受預防注
射，且預防注射追加的時間也都必須要準時。

此類被動（母體）免疫僅是暫時性的預防
機制。被動免疫的強度將隨著時間而減弱，血
液中抗體的數量大約 7 天左右便會減少一半。
在大部分的幼貓來說，母體免疫的強度大約在
12周齡左右的時候就會幾近於零了。

主動免疫

所謂主動免疫是動物由自己的免疫系統來
產生抗體，以對抗疾病感染或是預防注射的抗
原結果。

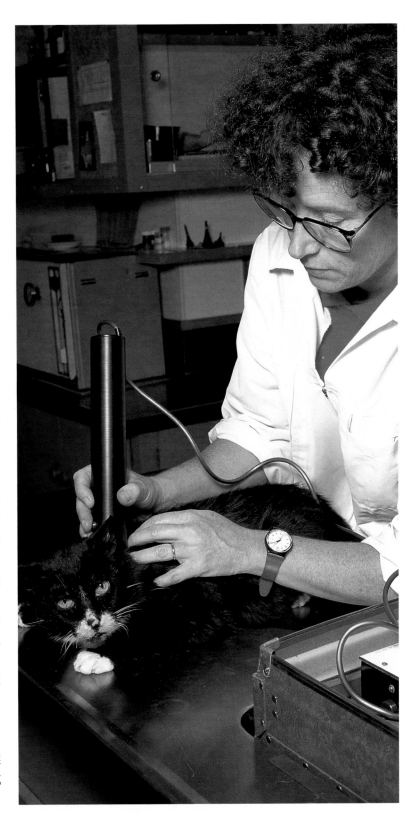

右圖：無痛的雷射治療可以減輕肌肉的疼痛並且加速韌帶傷害的恢復速度。

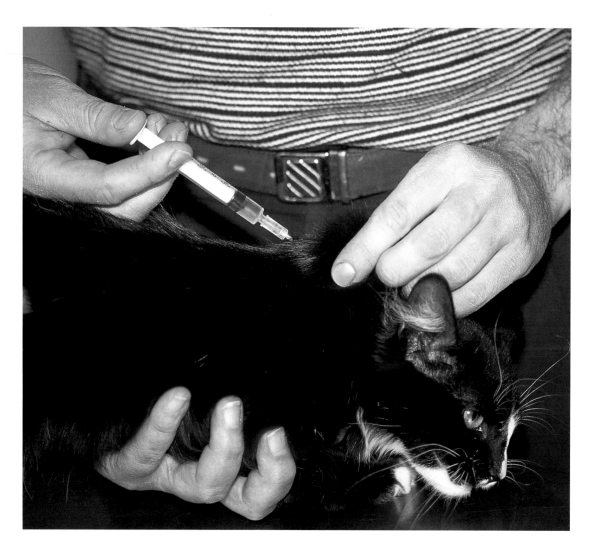

為了要能夠抵抗疾病的侵襲，幼貓必須經由直接接觸特定疾病或是接受預防注射，來發展出屬於自己的主動免疫機制。

當被動免疫仍然強大時，幼貓便能夠避免於疾病的感染，但是牠的免疫系統也將不會受到預防注射的刺激而產生反應，不過目前有些品牌的預防注射已經被設計成能夠跨過被動免疫的機制，進而直接刺激幼貓的免疫系統反應來產生抗體。

雖然我們知道被動免疫的強度是會逐漸衰減，不過我們卻無法確定每一隻幼貓分別會在什麼時候完全喪失被動免疫而對預防注射產生反應。在有些幼貓被動免疫可能會提前在早於12週齡時就喪失，而這些幼貓如果不接受預防注射，就會有暴露於遭受病毒感染之下的風險。

在幼貓離開母親時典型的預防接種建議計畫是最好能接受過2次的預防注射，第一次是在8到9週齡時，第二次（補強）則是在第一次的2週後。不過如果居住的地區屬於高疾病風險區，預防注射可以提早於6週齡即開始，並且每兩週接種一次直至12週齡為止。你的獸醫師可以針對這些相關事宜給你建議。

為貓咪施行預防注射

對許多國家來說，規律的預防注射計畫的確減少了許多貓咪感染數種重要傳染病的機率。目前市面上有數種不同品牌的預防注射，其中也包括了複合

上圖：當你剛帶回來一隻新貓咪時，馬上帶往動物醫院做基本檢查，他們便會留下紀錄並且登記提醒預防注射時間，以節省你自己去記這些事情。

型的商品以便能夠同時對抗數種疾病侵襲。你的獸醫師會提供你一些建議，以便選擇出最適合你貓咪的預防注射。

貓咪的呼吸道疾病

許多種病原微生物都會導致貓咪的呼吸道感染，不過這其中有兩種病原就佔了所有感染病例中90%的比例，而這些疾病一般都被統稱為「貓流行性感冒」。

貓咪的「I」型庖疹病毒是一種和導致人類感冒病源很相似的病毒。本病毒所導致的疾病稱為「貓病毒型鼻氣管炎」（FVR），具有很高的傳染力。初期的症狀包括打噴嚏、發燒，以及眼睛鼻子流出的分泌物，而分泌物很快的會因為二次性的細菌感染而成為膿狀。隨著疾病的加劇，感染的貓咪可能

會出現口腔潰瘍、支氣管炎，最後甚至導致肺炎。懷孕母貓則有可能因發生此病而流產。雖然說大部分的成貓都不會因此病而死亡，不過發生在幼貓身上時死亡率可以高達50%～60%左右。貓咪即使康復，也可能會帶有此一病毒長達數年之久。大部分的時間裡牠們對其他貓咪並沒有感染力，不過一但當病毒排出時，疾病便有可能再發並產生感染力。

另一個貓咪呼吸道感染比例大約相同的是由貓咪的卡里西病毒Calicivirus（FCV）所導致的疾病。在這類病例中嘴巴、鼻子、舌頭的潰瘍都是常見的。其他的一些症狀都與上述的FVR極為類似，不過本病相對的都比較輕微。康復的貓咪會變成帶原者，而且很可能會持續的排出病毒。同時由上述兩個病毒合併感染發生的狀況是不常見。

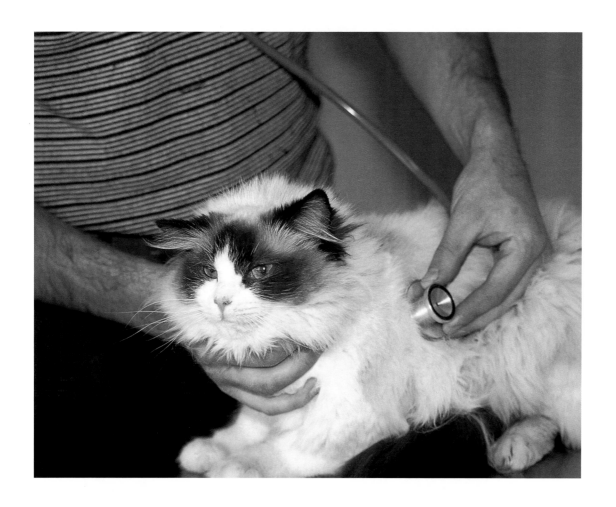

下圖：心雜音在貓咪頗為常見，因此心臟檢查必須是你的貓咪年度檢查的項目之一。

貓傳染性腸炎（FIE）

本病也被稱為feline panleuco-paenia（FPL），曾經是一種家貓中最為常見、分布最廣泛的嚴重傳染病。不過因為預防注射計畫的普及，本病目前已經得到良好的控制。本病會導致戲劇性的白血球數量降低，其他症狀則包括高熱、沒有食慾、嘔吐、精神不濟以及下痢。幼貓最容易遭受此病感染，而且死亡率很高。即使貓咪能從此病康復，後半生的身體狀況恐怕都將相當虛弱。

貓白血病毒（FeLV）

本病毒是導致貓咪癌症的最主要原因。發病的症狀非常多樣，包括嘔吐、下痢、嗜睡以及呼吸用力。

一但感染此病通常需嘗試多種的治療方式，包括化療。不過這些治療方法通常都得不到應有的效果。

FeLV的平均感染率大約為1%～2%左右，不過在某些國家感染率會比較高，所以你需要與你的獸醫師討論此在該地區的感染率，以及你的貓咪是否該針對此疾病接受預防注射。

狂犬病

在一些目前列為疫區的國家，貓咪也像狗兒一樣必須要固定接受預防注射以防發病。狂犬病可以傳染任何一種哺乳動物，而在大部分動物上都是會致命的。本病通常經由感染動物的唾液來傳染，通常是咬傷造成，以及受感染的動物唾液直接接觸黏膜（如眼、鼻、口等部位）和傷口所傳染。

在歐洲地區，狐狸是最主要的帶原動物，然而在北美地區主要帶原動物則是浣熊、蝙蝠、狐狸、臭鼬及郊狼。在墨西哥以及中美、拉丁美洲國家，貓咪則是主要的帶原者。

另外大約有5%的呼吸道感染是由鸚鵡披衣菌（*Chlamydia psittaci*）所導致，這是一種被稱為「立克次體」，大小約介於病毒與細菌之間的微生物。此微生物會導致一種曾被稱做貓肺炎的疾病，且不像上述的兩種病毒性疾病，本病會對某些特定抗生素有反應。本病會導致流眼淚（結膜炎）以及流鼻水（鼻炎），不過發燒以及更嚴重的呼吸道症狀則不常見，而死亡率也是十分的低。本病在一些住有成群貓咪的地方會顯得比較棘手，例如貓咪收容所或是育種設施等地方。

上圖：一個不尋常的友誼：介紹幼貓給這類小型的家中寵物他們也可以成為很好的伴侶——不過請記得，天竺鼠跟貓咪之間是會互相傳染跳蚤。

狂犬病及其預防方法

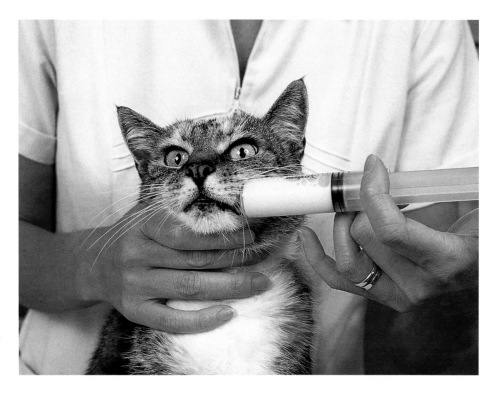

本病的潛伏期大約是在2星期到8星期左右，不過也有可能達到6個月之久。病毒是經由神經傳播到腦部並造成感染（腦炎）而導致神經症狀。在本病的最後階段，病毒則會轉移到唾腺以及唾液之中。

在發病早期，狂犬病常造成行為以及個性上的改變。感染動物會變得容易焦躁不安，並且對光線和聲音的敏感度都會增加。夜行性動物變成常在日間出沒，野生動物則可能會失去對人類的恐懼心。一隻膽小的貓咪很可能會變得對人友善，而平常就友善的貓咪可能會變得害羞，甚至會有畏光的傾向。

隨著病情的進展，貓咪會開始表現出靜不下來以及易怒等行為，可能會在並未挑釁牠的情形下攻擊人或是其他動物。之後便會發生咽喉及臉頰肌肉的麻痺，導致其吞嚥困難——而因此口水也會不停的從嘴角滴下，呼吸也慢慢變得困難，在疾病的末期動物大都會虛脫、陷入昏迷，甚至死亡。

如何預防

在狂犬病盛行的一些國家裡，法律上都會規定狗兒及貓咪需要接受狂犬病的預防注射。在一些島嶼型的國家（例如紐西蘭、台灣），則法律會嚴格的要求隔離政策以免本病被引入該地區。在英國則實施一項計畫，允許接受過預防注射的狗兒和貓咪在特定狀況下可以進入（參見42～43頁，PETS寵物旅行計畫）。

如果你的貓咪跟任何一隻可能帶有狂犬病的哺乳動物打鬥，唾液中所帶的病毒可能會沾附在被毛或是傷口上。

如果你認為你的貓可能和有狂犬病動物打架：

○ 不要試著去捕捉具有攻擊性的動物

○ 需要抓住你的寵物時請特別小心，儘量使用毛巾來包住牠。

○ 盡可能讓越少的人接觸牠越好。

○ 打電話給動物防治所或相關防疫機構。

○ 儘速帶你的貓咪前往動物醫院。

○ 如果你的貓咪平常都有接受狂犬病的預防注射，建議在72小時內再追加注射一次（在美國這是強制性措施）。

○ 在美國，如果你的貓咪沒有在72小時內接受追加注射，則除非攻擊的動物被檢驗確認沒有狂犬病，否則你的貓咪將會被隔離在動物醫院6個月，甚或會被動物防治所撲殺。

如果你本身被懷疑有狂犬病的動物咬傷或是抓傷，或者牠的唾液接觸到你的傷口還是噴濺到你的鼻子、眼睛以及嘴巴，請先用家用的清潔劑或是肥皂清洗傷口和接觸的部位。這樣的方法比任何抗感染的藥物更能夠快速殺死病毒。接著應該盡快接受醫治——治療包括了一整個療程的預防注射。

上圖：給貓咪服用藥水最簡單方法便是使用針筒。

進行下列例行性的預防措施以預防狂犬病：

- 不要餵食或是吸引野生動物進入你家的庭院。
- 如果發現住家庭院裡有疑似狂犬病的動物，儘快向動物防治所報告。不要隨便試著捕捉野生動物。
- 盡量不要讓蝙蝠居住在你家的閣樓或是煙囪。
- 不要任意撿拾死亡或是被遺棄的動物。
- 如果你本身屬於高風險族群（例如因工作需要常撿拾死亡動物或是接觸動物神經組織），徵詢你的家庭醫師看是否需要接受預防注射。

外寄生蟲

外寄生蟲通常居住在貓咪的皮膚上或是皮膚組織內。大部分的外寄生蟲都有寄主專一性，這意味著牠們只會寄生在特定幾種動物身上——貓跳蚤則是個例外，因為牠們也可以寄生在狗兒身上。

跳蚤

在貓咪的一生中，幾乎無可避免的至少會被跳蚤感染一次。感染的來源則包括其他的貓咪、狗兒、豪豬甚至是兔子。在貓咪身上最常發現的跳蚤就是貓跳蚤（*Ctenocephalides felis*）。

控制環境中跳蚤數量的主要因素並非溫度，而是溼度。因為在溼度低於50%時並不利於跳蚤牠們的發育。因此在冬天，即使家裡面仍是非常溫暖，但是溼度卻僅有40%左右，所以跳蚤就比較不可能造成問題。而在夏天時溫度跟溼度都隨之升高，所以跳蚤的數量就會快速增加。

跳蚤感染造成最常見症狀就是貓咪不斷的抓癢，並啃咬以及舔舐被毛 ——有些貓咪甚至會變得易受驚嚇甚至焦躁不安，就像牠們試著要逃離身上跳蚤似的。跳蚤在身體上的某個特定區域聚集的數量會比其他部位多；特別是在背部靠近尾巴跟部的地方。你可以藉由專門的「蚤梳」梳理貓咪來檢查身

上是否有跳蚤的存在，蚤梳的間隙很小而可以將貓咪被毛中的跳蚤以及黑色的排泄物（跳蚤糞便）梳掉。為了確定是否為跳蚤糞便，你可以將碎屑夾在兩張沾濕的面紙中間用力搓揉。因為跳蚤糞便中含有尚未完全消化的血液，因此會在面紙上留下紅棕色的染色。

貓跳蚤只在進食以及產卵時才會留在貓咪身上。而跳蚤卵會很快的掉落在環境中，而保存在貓咪的床墊上或是家中的地毯上。跳蚤的控制必須包括貓咪本身的治療（以及家中其他寵物），以及整個家中環境的清理。

現在市面上有許多種可以控制跳蚤的產品，包括殺蚤洗劑、殺蚤粉、噴劑、除蚤項圈（有些貓咪會有過敏反應）以及一種滴在貓咪身上，可以緩慢釋出殺蚤成分的藥品。環境清理的用品則包括

上圖：殺蚤粉現在幾乎已經被更好用的液體狀殺蚤滴劑所完全取代。

「跳蚤炸彈」（水蒸式殺蟲劑）。請與獸醫師討論以選擇最適合你所居住地區的產品。

壁蝨

這類外寄生蟲在鄉村地區較為常見，而通常都會在貓咪的頭部或是頭部被發現。要移除此蟲，先在身上擦上一些酒精或是去漬油，然後用鑷子盡量夾住它靠近皮膚的部位，然後將它拔除。

有些壁蝨（特別是澳洲）具有毒性並且可以殺死像貓咪這樣的小動物。你所居住地區的動物醫院應該都有最新的相關資訊。

蟎蟲

耳疥蟲（*Otodectes cynotis*）會造成發炎並使貓咪搔抓耳朵。而這樣做又導致二次性的細菌感染，產生炎症反應以及疼痛。如果你的貓咪經常性的搔抓耳朵，最好是帶往動物醫院並接受診斷。耳疥蟲感染可以經由使用殺蟲耳滴劑或是軟膏治療。記得使用由你的獸醫師所推薦的藥物。

一種非常小的疥癬蟲（*Notoedres cati*）會鑽入貓咪的皮膚，特別是臉部周圍以及眼睛與耳朵週邊的區域，它會造成嚴重的紅腫發炎以及皮膚增厚，而使貓咪拼命的搔抓和舔舐，造成被毛脫落甚至局部光禿的現象。本病需樣相當一段時間的治療，而獸醫師的建議與診療是絕對必要的。

恙蟲（*Trombicula autumnalis*）的紅色幼蟲僅在夏末秋初季節上較常見到感染貓咪。它們通常寄生在貓咪身上被毛較少的地方，例如耳朵嘴巴四周以及在腳掌的趾頭之間。許多種除蟲藥劑都對此蟲有效果，你的獸醫師會建議你合適的治療方法。

姬螯蟎（*Cheyletiella species*）常見於狗兒、貓咪以及兔子身上——每一種動物身上則有特定的不同品種寄生。此蟲通常會造成皮膚癢，不過更常見的病徵是造成大量皮屑的掉落，特別是在貓咪的背上以及身體兩側狗兒常因此造成被毛脫落以及皮膚的細菌感染。

毛囊蟲在狗兒身上並不算是稀奇的問題，不過在貓咪身上則非常的少見到。

貓蝨

健康的貓咪一般大都不會感染此蟲，不過有糖尿病或是不健康的貓咪有可能會感染此蟲因為他們沒有辦法完整的清理自己的被毛。貓蝨所產下的卵（幼蟲）都會繼續沾附在貓咪的被毛上。許多市面上的除蟲產品都可以治療此一情形。

內寄生蟲

經常性的獸醫檢查（如果有需要，包括糞便的採樣檢查）以及定時驅蟲可以確保你的貓咪不會遭受這些內寄生蟲的感染。建議詢問鄰近的動物醫院關於治療的程序，以針對你的貓咪可能感染的寄生蟲做處理。

蛔蟲

貓咪最常見的蛔蟲有貓蛔蟲（*Toxocara cati*）以及獅弓蛔蟲（*Toxascaris leonina*）兩種。它們最多可以長到10公分（4英吋）長，在適當的狀況下產卵可以在環境中環境中存活數年之久。傳染途徑則可分直接（食入蟲卵）或是間接（食入含有從蟲卵孵化具感染力幼蟲的中間寄主，如老鼠等）兩種。

在世界上大部分地區，每5隻貓咪中就有一隻有感染貓蛔蟲。感染的成貓很少表現出疾病症狀，即使有也都非常輕微。另外本種蛔蟲感染幼蟲可以經由吸食母奶而直接傳染給幼貓，而在幼貓則可能發生相當嚴重的感染。

左上圖：蟎蟲類中最常感染貓咪的應屬耳疥蟲。

右下圖：當感染蛔蟲時，成貓通常不會有什麼明顯病徵。

鉤蟲

　　本蟲在較為溫暖潮濕的區域比較容易造成問題，所以在紐西蘭、澳洲以及美國的部分區域比較常見，在南非會比英國本土容易發生。其中 *Ancylostoma* 種是最重要的品種，因為其高傳染力以及可以導致嚴重貧血，甚至造成死亡。尋求獸醫治療是必要的措施。

鞭蟲以及蟯蟲

　　這些蟲主要發生在較為溫暖且潮濕的區域，例如美國的部分地區以及澳洲等等。比較起來在貓咪身上會比狗兒身上更不常見。牠們的生活史則是直接吃下蟲卵所傳染。

條蟲

　　貓咪最常見的條蟲是 *Dipylidium canium*，是貓咪梳理被毛時吃下身上的跳蚤或是貓蝨所傳染。另外一個品種貓條蟲（*Taenia taeniaeformis*），則是貓咪吃下受感染的獵物如老鼠等所傳染。

*上圖：*因果報復：老鼠感染的條蟲同樣會將此寄生蟲傳染給殺死牠們的殺手——貓咪。

*下圖：*條蟲的節片會跟著貓咪的糞便一起排出，或是黏附於屁股周圍的被毛上。

吸蟲

有感染風險的地區包括北美以及熱帶地區。大部分的感染是因為貓咪吃下未煮熟的生魚所導致。經由獸醫師的治療可以恢復。

肺蟲

有數個品種的肺蟲可能會感染貓咪，不過大部分都只會造成很小的問題。

不過由 *Aleurostrongylus abstrusus* 所感染需要獸醫師的治療，症狀範圍則從輕微咳嗽到嚴重的呼吸問題都有可能發生。

心絲蟲

雖說此一問題在狗兒身上比較常見，這些寄生蟲仍然可以感染貓咪，特別是在某些較溫暖的地區，例如地中海周邊地區、澳洲以及美國的部分區域。病徵包括咳嗽、呼吸困難，並且可能發生猝死的情形。心絲蟲的治療是絕對必要。

弓蟲症

弓蟲症是由稱為弓蟲（*Toxoplasma gondii*）的單細胞原蟲感染所造成，常見於貓咪身上不過卻很

少造成任何病徵，並可以經由接觸貓咪糞便中含有的囊包傳染給人類。弓蟲症對懷孕的孕婦特別具有危險性。簡單的預防方式包括清理貓便盆時戴橡膠或是棉製手套，並且避免直接接觸到貓咪糞便。每兩個人之中就有一人有可能在他們的一生當中某個時期感染到弓蟲。家中供孩童玩耍的沙地平常最好加蓋以免貓咪接觸。

貓傳染性貧血

本病的發生率在世界上的幾個區域差別很大。是藉由蚊子的叮咬而傳播一種稱為 *Haemobartonella felis*（或是 *Eperythrozoon felis*）的原蟲所傳染的。本寄生蟲會破壞紅血球細胞，早期症狀包括黏膜蒼白以及嗜睡。本病很容易在貓咪發病早期就被主人注意到，而可以使用抗生素來加以治療。然而本病經常跟貓白血病毒（FeLV）有所關聯，而在這些病例中恢復的機會都微乎其微。

上圖：避免直接接觸貓咪的糞便，因為它會傳染數種寄生蟲，比如像是「弓蟲」——所以清理便盆時請戴橡膠手套。

下圖：錢癬類的黴菌感染會造成貓咪皮膚局部的光禿，並且可能會傳染給人類。

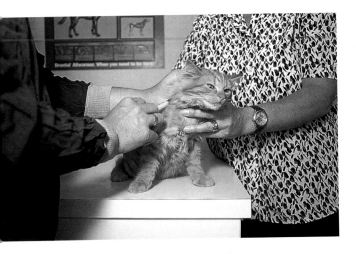

第九章

監測你的貓咪健康

健康不佳的警訊

如果能夠越早發現貓咪在健康上的問題並加以處理,對貓咪來說是越好的。一般來說早期治療的效果相對來說比較好,而且你的貓咪也可以少受點因疾病產生的疼痛與不適。多學習一些貓咪正常的狀況,這樣你便可以在不尋常的狀況發生時能夠及時注意到。

疾病的早期病徵

一些疾病的早期病徵,常常都是貓咪行為變化非常細微的部分。比如說比平常安靜、活動力比較差,或者對出外走走都興趣缺缺。另外也有可能變得比較容易口渴,或是食慾較平常來的差。不過因為貓咪也像人一樣,偶爾也會有牠們的「休假」,因此你必須持續注意觀察此類行為變化1至2天。如果行為仍未恢復正常,那就需要採取下一步驟。

如果你的貓咪發生下列任何病徵之一時,記得與你的獸醫師商量:

- 異常的疲倦或嗜睡
- 身體開口處如口、鼻、生殖器等的異常分泌物
- 搖頭動作過於頻繁
- 不斷的搔抓、舐咬身體的某一個部位
- 明顯的食慾增加或是減少
- 水分的大量攝取
- 排泄困難、異常或是根本無法控制
- 體重明顯的增加或是減輕
- 不尋常的行為如過動、攻擊性或者嗜睡
- 身體某一部位的異常腫脹
- 腳無法著地行走(跛行)
- 起身或趴下時有困難

當你發現上述的任何一種不尋常狀況時,請抄寫下來,因為這可能會是不久後如果需要帶貓咪帶去動物醫院時,所需的重要資訊。因為人類的醫生會在做任何檢查跟診斷之前,先口頭詢問病人「病史」。而獸醫師沒有辦法詢問他們的病人問題,因此必須依賴他們的主人去記得這樣的「病史」。如果你能儘可能的提供資訊,會對貓咪的疾病治療比較有幫助。

疼痛

疼痛是身體的某些特殊神經末梢(接受器)受到刺激時,所引發的反應。疼痛有許多可能的原

Ch9

因,不過大都是因為外傷、細菌感染、中毒或是發炎反應所造成。這常常是疾病的最早期病徵之一。

如果是我們本身覺得疼痛時,我們還可以告訴其他的人。不過貓咪雖然不會說話,但在許多情形下,牠的行為動作都可以明顯的表示出來。

○ 如果是你不小心踩到貓咪,或是東西不小心打到牠,便會因疼痛而哀叫。而在你觸摸該部位時有可能叫得更大聲,甚至會因疼痛而咬你或是抓傷你。
○ 如果貓咪有一隻腳受傷,牠可能仍會將這隻腳放在地上但卻不敢使力在該隻腳,甚或跛行。嚴重時腳會完全收起不敢著地。
○ 如果是關節部分受到傷害,例如關節炎等,當牠起身或趴下時便會因疼痛而哀叫。
○ 抽筋會導致肌肉顫動,同時貓咪有可能會發出嗚咽聲。
○ 肛門腺發炎或疼痛可能會導致「拖屁股」行為,就是後腳不著地讓臀部在地上拖行。或者貓咪會常常轉頭去檢查導致疼痛的臀部部位。
○ 眼睛的疼痛會使貓咪想去搔抓附近區域,或者是去摩擦其他物體。
○ 耳朵的疼痛會導致貓咪的頭部傾斜向發生不舒服的那一側,並且會經常性的甩頭。
○ 嘴巴疼痛會導致貓咪經常保持張開,並且持續的流口水。

如果要察覺有些疼痛如脊椎、頭部或是體內的器官,一般來說是比較困難。唯一的徵兆可能是行為中一個很不明顯的改變。

下列行為可懷疑為脊椎疼痛:

○ 有跛行的現象,但是腳部卻沒有明顯的疼痛或異常
○ 比較不願意被觸碰背部
○ 站起來時會駝背或是發抖
○ 大小便失禁
○ 排便時無法保持正常的姿勢
○ 臀部週邊凹陷

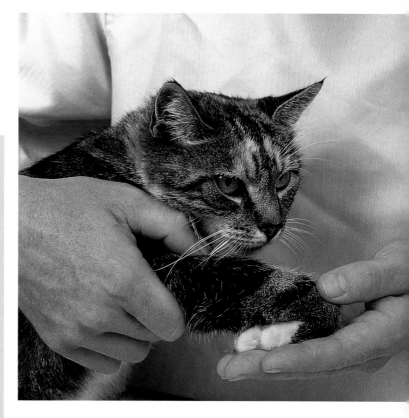

下列行為可懷疑為頭部疼痛:

○ 眼睛經常半閉,但眼睛卻沒有明顯問題
○ 常以頭部去頂某些物體
○ 緩慢但經常性的搖晃頭部
○ 眼睛時常凝視空中

下列行為可懷疑為內臟疼痛:

○ 躺下的時間變多。
○ 非常焦躁不安,無法靜下來。
○ 腹部肌肉持續緊繃,站立時會弓起身子。
○ 排便時異常用力,但是仍無法順利排便。
○ 平常十分聽話,卻突然變得具有攻擊性。

怎麼辦

如果疼痛是由於輕微意外造成(例如:不小心踩到貓咪),運用常識處理並觀察結果。如果在經過數個小時後疼痛仍然持續,建議聯絡你的獸醫師。

如果疼痛是更嚴重的問題所造成,或是你沒有辦法察覺出可能發生的原因,你可能需要帶貓咪前往動物醫院檢查。

上圖:跛行不見得都會有明顯易見的原因在。你的獸醫師才是檢查這些問題所在的最佳人選。

血液與循環系統問題

病　徵	可能原因	處理方法
不耐運動，可能嗜睡，虛弱，甚至昏倒（幼貓或年輕成貓）	先天的不全造成血液跳過肺臟流進心臟	帶貓咪前往動物醫院
同上，生長遲緩，腹部漲大	先天的不全造成血液跳過肝臟	
同上，（任何年齡）	心臟瓣膜缺損	
同上，（任何年齡）	貧血	
咳嗽	鬱血性心衰竭（慢性心臟疾病） 心臟腫瘤 心絲蟲（參見95頁）	帶貓咪前往動物醫院
呼吸不正常	心臟功能異常造成肺部瘀血 Warfarin中毒 貧血	**均屬緊急狀況。** 帶貓咪前往動物醫院
舌頭及牙齦泛白甚至泛紫	Warfarin中毒 心臟功能不全 紅血球之不正常破壞（溶血性貧血） 凝血功能異常	帶貓咪前往動物醫院
黃疸（牙齦及眼白部分泛黃）	紅血球之不正常破壞（溶血性貧血） 二次性肝臟感染	帶貓咪前往動物醫院
腹部緊繃	心臟功能異常造成之腹部積水	帶貓咪前往動物醫院
後肢無力，哀嚎，後肢冰冷	血管栓塞（血塊阻塞住大腿的兩條動脈之一或全部）	**緊急狀況。**只有大約一半的貓咪可以因治療而恢復

耳朵問題

病　　徵	可能原因	處理方法
經常甩頭，搔抓耳朵，以及黑色分泌物	耳疥蟲	帶貓咪前往動物醫院
甩頭，紅色、白色或是黃色有異味的分泌物。耳朵疼痛而不願被觸摸	外耳道以及耳殼內的感染（外耳炎）。通常是由於細菌、黴菌、酵母菌的混合感染。可能會造成耳朵的疼痛與不適，最後造成耳朵的永久傷害	不要將任何器具伸入耳道內，因為可能會戳破耳膜。以及有些治療會進一步造成中耳的傷害。獸醫師會檢查耳膜是否完好。由獸醫師採樣做細菌培養以確定感染原。並遵照獸醫師所開立的處方治療
頭部偏向一側，走路失去平衡，眼球移動異常（眼球震顫）。貓咪可能會甩頭	內耳或是中耳問題（內耳炎或中耳炎）。可能是因異物次穿耳膜或是慢性的外耳道感染	帶貓咪前往動物醫院。治療中會包括抗發炎藥物，以及抗生素以防止嘔吐藥物
白色耳朵上的黑斑	曬傷（白色的貓咪特別需要懷疑） 耳朵的腫瘤（扁平細胞癌）。白色的貓咪特別需要懷疑	如果黑斑是很淺層的且皮膚有發紅現象，那可能是曬傷。每天3次在曬傷部位塗上防曬乳液。盡量讓貓咪遠離日曬 如果黑斑非常的深層，且持續存在無法被治癒，很有可能是皮膚癌。帶貓咪前往動物醫院。治療方法可能為使用液態氮的低溫手術，或是以外科方法切除耳殼

內分泌問題

病　徵	可能原因	處理方法
腹部漲大，異常口渴，對稱性脫毛，色素沉積	腎上腺功能亢進或庫興氏症候群（腎上腺的荷爾蒙分泌過量）	帶貓咪前往動物醫院
容易口渴，食慾增加，排尿次數也增加，體重減輕（中年貓咪或老貓）	糖尿病	帶貓咪前往動物醫院
脖子腫大，過動，食慾大增，排尿量大，極度口渴，體重減輕	甲狀腺亢進（甲狀腺荷爾蒙分泌過多）	帶貓咪前往動物醫院

眼睛問題

病　徵	可能原因	處理方法
怕光，眨眼	數種可能	帶貓咪前往動物醫院
流眼淚，分泌物透明	風、灰塵、強烈日光、過敏或淚管阻塞。可能天生沒有淚管	以冷開水或是生理食鹽水清洗擦拭。如果幾天之內沒有復原，帶貓咪前往動物醫院
流眼淚，分泌物透明或是膿樣，眼睛有白點 發炎，抓眼睛	細菌性或病毒性結膜炎	帶貓咪前往動物醫院
同上，只有單側眼睛	可能為異物進入眼睛或外傷	帶貓咪前往動物醫院
具黏性，膿樣分泌物，眼球表面乾燥，結膜發炎	乾眼症	帶貓咪前往動物醫院
眼睛呈現白色，貓咪的視力受到影響	白內障	帶貓咪前往動物醫院
貓咪視力喪失，無其他症狀	視網膜退化	帶貓咪前往動物醫院
一隻眼睛閉上，可能有畏光情形，明顯疼痛，流眼淚，眼淚中可能帶血	眼睛發炎（葡萄膜炎）	帶貓咪前往動物醫院

眼睛問題（*續*）

病　徵	可能原因	處理方法
眼睛上有明顯的白線或點，明顯疼痛，流眼淚	角膜潰瘍	帶貓咪前往動物醫院
第三眼瞼外露	神經傷害	帶貓咪前往動物醫院
頭摩擦物體（頭痛症狀），眼球突出，畏光	肉芽腫（因液體堆積導致眼壓增大，眼球腫脹）	帶貓咪前往動物醫院

腸道問題

病　徵	可能原因	處理方法
食慾良好卻持續消瘦	腸內寄生蟲感染	驅蟲
嘔吐或（及）下痢（可能為間歇性），伴隨體重減輕	腸道發炎。發炎反應導致腸道降低對養份的吸收率。可能與腸內細菌的過度繁殖有關。有此問題的貓咪可能無法得到足夠蛋白質，他們可能會導致體重減輕	帶貓咪前往動物醫院
脹氣	通常與飲食有關。在幼貓較常見	與獸醫師討論更換飼料
慢性體重減輕伴隨正常或漸增的食慾	腸內寄生蟲，腸道腫瘤，養分吸收障礙	帶貓咪前往動物醫院確定原因
嘔吐，不吃東西	腸道發炎（見上文）	帶貓咪前往動物醫院
弓著身體	食入異物 嚴重便秘 腹部疼痛	前述都應帶貓咪前往動物醫院
排便用力，糞便偏硬，排便後停止用力，沒有嘔吐	輕微便秘，特別在老貓以及長毛貓常見	給予一茶匙礦物油。如果8小時後仍不能順利排便，帶貓咪前往動物醫院。
頻頻用力排便，但僅排出少量糞便，精神不佳，可能有嘔吐	嚴重便秘	帶貓咪前往動物醫院確定原因

腸道問題（*續*）

病　徵	可能原因	處理方法
下痢，1到2次，沒有帶血，精神很好，無嘔吐現象	食物不適應 腸道輕微細菌感染	禁食只給水一整天，然後給予較清淡的食物24小時。如果下痢停止，則逐漸恢復給予一般食物。如果下痢持續發生，帶貓咪前往動物醫院
同上，在貓咪喝牛奶之後發生	乳糖不耐症	餵食市售的低乳糖牛奶
下痢，持續而且頻繁，但貓咪精神正常	梨形蟲感染 球蟲感染	帶貓咪前往動物醫院
經常下痢，糞便中可能帶鮮血，精神不佳，腹部疼痛	腸炎：細菌性（如沙門氏桿菌） 結腸部分發炎（結腸炎），腫瘤 肛門腺膿腫	上述都應帶貓咪前往動物醫院

肝臟、脾臟、胰臟問題

病　徵	可能原因	處理方法
腹部漲大，可能有或無黃疸	肝臟腫瘤	帶貓咪前往動物醫院
嘔吐，黃疸，尿液色深，腹部疼痛，無食慾	膽管阻塞 膽管破裂	帶貓咪前往動物醫院
嘔吐，下痢，黃疸	貓傳染性腹膜炎（FIP）	帶貓咪前往動物醫院
急性持續嘔吐，發燒，腹部疼痛	胰臟炎。胰臟分泌的消化酶可能逆流回組織本身，造成嚴重發炎和組織破壞。可能導致死亡。復原動物可能也會永久性胰臟功能不佳	帶貓咪前往動物醫院
劇渴，易餓，可能有腹部腫大，嗜睡，體重減輕	糖尿病。如果胰臟無法產生足夠胰島素，血液中的葡萄糖濃度便會升高。此時葡萄糖便會帶著水分通過腎臟，形成糖尿病	帶貓咪前往動物醫院進行血液以及尿液檢查。有些病例可以藉由調整飲食控制；大部分的情形則需要在家中給予胰島素注射

肝臟、脾臟、胰臟問題（*續*）

病　徵	可能原因	處理方法
被毛乾燥且有皮屑，體重減輕，糞便量大、顏色淺、質軟、味道重；食糞癖（吃自己的糞便）	低血糖（血中葡萄糖濃度過低），可能因為胰島素過多或是食物不足	低血糖昏迷可能發生在進行過度運動或是兩餐之間間隔太久，或是一餐未進食的貓咪接受注射胰島素後發生 血中原本就不足的血糖濃度會因注射胰島素而更低，導致突然昏倒，昏迷甚至抽搐。處置方法是經口給予葡萄糖或蜂蜜。有糖尿病的貓咪主人身邊需隨時攜帶此類食品以防緊急狀況
精神不佳，體力不濟，俯臥。呼吸時有類似溶劑（丙酮）味道	酮體症（血液中酮體的累積）可能發生於糖尿病沒有良好控制導致血糖濃度非常高	帶貓咪前往動物醫院
貓咪昏迷	有可能是酮體症或是低血糖	**需要緊急處理**。不要想辦法自己處置。盡速帶往動物醫院

口腔或食道問題

病　徵	可能原因	處理方法
口臭	牙結石堆積	帶貓咪前往動物醫院。可能需要麻醉後洗牙
口臭，牙齦出血，進食困難	牙齦炎（牙齦有發炎現象）	同上
進食困難、口臭，下巴顫抖，流口水	牙齒感染或斷裂	帶貓咪前往動物醫院拔除該牙齒。可能需要同時注意其他牙齒

口腔或食道問題（*續*）

病　　徵	可能原因	處理方法
流口水，不斷抓嘴部，可能不斷有吞嚥動作	異物（如骨頭或木棒）卡在上顎硬顎之間，或是於骨頭刺入嘴唇。 舌頭割傷（因為打架或舔舐貓罐頭開口邊緣）	如果有辦法的話，打開口腔檢查。可能的話，移去口腔內發現的異物。否則，帶貓咪前往動物醫院
	蜜蜂尾刺（刺入舌頭、臉頰或是牙齦）	如果可能，打開貓咪嘴巴檢查。可以嘗試用鑷子拔除刺。再仔細檢查口腔一次，如果不只是輕微腫大，帶貓咪前往動物醫院
	舌頭潰瘍	如果舌頭有潰瘍或發炎情形，檢查是否接觸刺激性或腐蝕性毒物。試著採取一些懷疑的物質帶往動物醫院檢查
流口水，噁心或是咳嗽	異物卡住喉嚨 口腔腫瘤	同上 帶貓咪前往動物醫院

神經系統問題

病　　徵	可能原因	處理方法
失去平衡感，喪失協調能力	中耳感染 前庭疾病（細菌感染，發炎或腫瘤侵襲前庭） 腦部腫瘤 小腦病變	帶貓咪前往動物醫院
同上，食物中包含生魚	硫胺素缺乏	帶貓咪前往動物醫院注射硫胺素，更換貓咪的飲食
肌肉痙攣或抽搐	癲癇 中毒 腦部腫瘤	帶貓咪前往動物醫院
肌肉僵直，昏厥、抽搐。懷孕晚期或是產後8週之內。	低血鈣症（血液中含鈣濃度過低）	**緊急狀況**。前往動物醫院接受鈣的注射
同上。可能有頭部週邊疼痛，壓迫現象。	腦部發炎反應（腦炎）或是腦部腦膜發炎（腦膜炎）	**需要緊急處置** 帶貓咪前往動物醫院
虛脫、第三眼瞼外露、四肢僵硬、尾巴伸直、皺眉頭	破傷風感染	帶貓咪前往動物醫院

神經系統問題（*續*）

病　徵	可能原因	處理方法
流口水，可能伴隨其他症狀 流口水，行為改變	中毒 狂犬病	均需帶貓咪前往動物醫院
不正常的頭部位置，眼球可能快速移動	中耳疾病 前庭疾病（細菌感染，發炎或腫瘤侵襲前庭） 腦部腫瘤	均需帶貓咪前往動物醫院
下半身無力，可能有急性疼痛	胸部或腰部椎間盤突出	帶貓咪前往動物醫院
突然昏倒，走路繞圈，身體局部麻痺，眼皮半閉，眼球快速運動	中風	帶貓咪前往動物醫院

母貓生殖系統問題

病　徵	可能原因	處理方法
動情週期持續不結束	卵巢囊腫	帶貓咪前往動物醫院
劇渴，食慾降低，嘔吐，腹部用力，陰部分泌物，動情週期結束後6到8週發生	子宮蓄膿（子宮角內液體堆積）	**緊急狀況**。帶貓咪前往動物醫院。可能需要手術摘除子宮以及卵巢
乳房漲大，不痛 乳房漲大，疼痛，發炎紅腫	乳房腫瘤（不一定為惡性） 乳房炎	均需帶貓咪前往動物醫院
生產1到2週後嗜睡，缺乏食慾現象。陰部可能有膿樣分泌物	子宮角感染發炎（子宮炎）	帶貓咪前往動物醫院，須抗生素治療或可能需要結紮

呼吸系統問題

病　徵	可能原因	處理方法
流鼻水，分泌物清澈	病毒性感染 過敏（例如對花粉） 植物葉子卡在鼻腔 貓病毒性鼻支氣管炎（FVR） 貓卡西里病毒（FCV）	如果症狀持續，帶貓咪前往動物醫院

呼吸系統問題（*續*）

病　徵	可能原因	處理方法
流鼻水，單側或雙側鼻孔有膿樣分泌物	腫瘤 細菌性或是病毒性感染 臼齒膿腫	帶貓咪前往動物醫院
鼻子紅腫，外皮變硬	過敏（如蚊子叮咬） 日曬 早期皮膚癌	如果鼻子紅腫疼痛，暫時不要接受日曬或塗抹防曬油，如果紅腫沒有消退，帶貓咪前往動物醫院
呼吸音吵雜	咽喉問題（咽喉炎） 過敏性支氣管炎	帶貓咪前往動物醫院
快速呼吸	肺炎 心臟問題 過敏性氣喘 中毒（例如：阿斯匹靈） 因意外或高處掉落導致橫隔破裂 膿胸症（胸腔內有膿，通常因為貓咬傷造成）	帶貓咪前往動物醫院 **緊急**。均需帶往動物醫院
同上，伴有牙齦蒼白	內出血或外出血 中毒（例如：Warfarin）	**需要做緊急處置**。帶貓咪前往動物醫院
窒息，虛脫	喉部異物阻塞呼吸道	嘗試移除阻塞物，盡快就醫
與呼吸有關的腹部運動	外傷或車禍造成橫膈膜破裂 氣胸（空氣進入胸腔，通常為外傷或意外造成） 膿胸症（見前述） 因抗凝血毒物（如老鼠藥）造成之血胸症（胸腔內有積血） 外傷/車禍造成之肋骨肺部傷害	帶貓咪前往動物醫院
鼻子流血	外傷 鼻內異物 凝血機制問題 毒囓齒類用的藥物（如Warfarin） 腫瘤	不管哪項都帶貓咪前往動物醫院

呼吸系統問題（*續*）

病　　徵	可能原因	處理方法
輕微，偶發性咳嗽	氣管炎 過敏 心臟問題	帶貓咪前往動物醫院
經常性的輕咳、淺咳，最近有發生過意外	氣胸（空氣進入胸腔）	帶貓咪前往動物醫院
經常咳嗽，呼吸音粗大，有膿樣鼻分泌物，貓咪有病容	貓病毒性鼻支氣管炎（FVR）	帶貓咪前往動物醫院

骨骼、關節和肌肉問題

病　　徵	可能原因	處理方法
單腳輕微跛行，一處關節伸直或收縮時輕微疼痛	扭傷（關節韌帶或軟骨的輕微傷害）	聽取獸醫師指示
突然跛行，腳有出血狀況	腳掌割傷肌肉拉傷	帶貓咪前往動物醫院
後腳突然一隻腳跛行，腳趾會碰觸地面，但不能支撐身體重量	膝蓋前方韌帶斷裂。通常是因為意外，例如被籬笆或是樹枝夾住，扭轉腳部拉扯到韌帶	帶貓咪前往動物醫院，可能需要手術
突然跛行，一隻腳懸空不著地	膝蓋骨脫臼（髕骨）	帶貓咪前往動物醫院
突然跛行，後腳部分疼痛	髖關節脫臼 股骨頭骨折	均需帶貓咪前往動物醫院處理
掉落或車禍後突然跛行，肢體部份腫脹、疼痛	骨折	帶貓咪前往動物醫院
突然跛行，腳部組織腫大	咬傷	帶貓咪前往動物醫院。傷口可能形成膿腫
突然的後肢無力坐下，貓咪通常感到疼痛	骨盆骨折	帶貓咪前往動物醫院
起立或坐下有困難，活動後肢體容易僵硬	關節炎（退化性疾病）	帶貓咪前往動物醫院

骨骼、關節和肌肉問題（*續*）

病　徵	可能原因	處理方法
以正常的姿勢排便／排尿有困難	椎間盤突出（因為脊椎之間的骨頭的異位導致的退化性狀況）	帶貓咪前往動物醫院
關節上方持續、腫漲的疼痛，該部位在一段時間後變大	骨髓炎（骨頭細菌感染）	帶貓咪前往動物醫院
突然跛行，後腳扭轉而疼痛	關節炎（退化性疾病）	帶貓咪前往動物醫院

皮膚問題

病　徵	可能原因	處理方法
鱗狀皮膚、被毛上可見白色皮屑	姬螯蟎（*Cheyletiella*）感染	要求獸醫師給予除蟲治療
皮屑、發癢集中於頭部與肩膀。可以看見灰色細小的蟲子	貓蝨（參見93頁）	同上
掉毛對稱，無紅腫，無被毛散亂	荷爾蒙失調	帶貓咪前往動物醫院
不對稱掉毛，被毛散亂	精神性脫毛，因為過度梳理和壓力造成	帶貓咪前往動物醫院
掉毛、區域紅腫，不發癢	錢癬（黴菌感染）	帶貓咪前往動物醫院
抓癢、皮膚紅腫潮濕、在背部和頸部特別明顯	嗜伊紅性腫瘤症候群	帶貓咪前往動物醫院
抓癢，過度舔咬，可能有皮膚變化	對跳蚤、食物或是蟎蟲（如疥癬蟲、毛囊蟲）產生的過敏反應	如果你的除蚤工作完美，帶牠前往動物醫院。如果不，進行除蚤
抓癢，啃腳趾，皮膚紅腫發炎，可能有流血	膿皮症（皮膚深層細菌感染）	帶貓咪前往動物醫院
嘴唇或是鼻子潰瘍	嗜伊紅性腫瘤症候群	帶貓咪前往動物醫院
皮膚發紅腫起，不發癢	脂肪瘤（脂肪細胞腫瘤） 血腫（血液堆積） 皮膚癌 皮脂腺囊腫	帶貓咪前往動物醫院
發紅腫起的區域，疼痛，可能有分泌物	膿腫	帶貓咪前往動物醫院

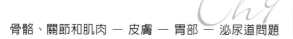

胃部問題

病　徵	可能原因	處理方法
吃青草，然後嘔吐物中含有毛髮以及獵物的骨頭	自然排出無法消化的物質	執行止吐程序（參見121頁）
同上，只吐出液體	輕微胃炎	執行止吐程序
嘔吐，長毛貓	胃中毛球	與獸醫師討論飲食以及通便劑。經常性梳毛
經常性的嘔吐，拒絕進食，精神不佳	胃炎 胰臟炎 胃阻塞（可能因毛球造成）	所有情形都帶貓咪前往動物醫院
同上，但伴隨著其他症狀如下痢（帶血或未帶血），深褐色糞便	貓傳染性腸炎（FIE） 貓白血病毒（FeLV） 中毒	所有情形都帶貓咪前往動物醫院
同上，伴隨著弓起身體的姿勢	異物卡在胃部 胰臟炎	帶貓咪前往動物醫院，需要即刻作處理
腹部漲大，年輕貓咪，可能會有嗜睡、被毛稀少	腸內寄生蟲感染	驅蟲（參見93～95頁）

泌尿道問題

病　徵	可能原因	處理方法
劇渴，口臭，排尿量大，口腔潰瘍，體重減輕，貧血，嘔吐	細菌感染造成之慢性腎臟疾病（腎臟炎），慢性的退化性病變，腫瘤或是遺傳缺陷	測量貓咪一天的飲水量，並將此一資訊告訴獸醫師
年輕貓咪，生長不佳，劇渴，尿顏色偏淡	腎小管疾病（遺傳）	帶貓咪前往動物醫院
尿液氣味重，可能帶血，頻尿或是持續滴尿，常去舔陰莖或尿道出口	因細菌或結石、壓力造成的膀胱感染（膀胱炎）	帶貓咪前往動物醫院
公貓，排尿時用力，可能有嘔吐以及哀嚎現象	尿路阻塞，可能因膀胱結石造成	**需要緊急處理**。帶貓咪前往動物醫院

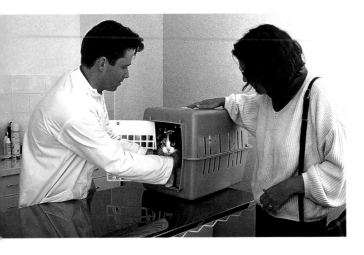

第十章

急救

緊急時的處理

以下所提供的資訊僅僅是一個導引指南，而且不建議以此取代任何獸醫所建議的處理方法。當面對任何緊急狀況時，記得對貓咪所處理的方針，大致上和對人類都是相同。

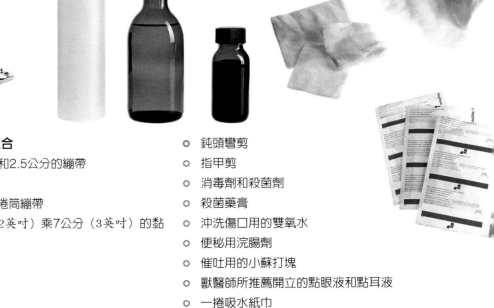

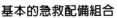

基本的急救配備組合

- 寬度各為5公分和2.5公分的繃帶
- 自黏性繃帶
- 2.5公分寬度的捲筒繃帶
- 長寬為5公分（2英吋）乘7公分（3英吋）的黏性膠布
- 紗布
- 棉花棒
- 鑷子

- 鈍頭彎剪
- 指甲剪
- 消毒劑和殺菌劑
- 殺菌藥膏
- 沖洗傷口用的雙氧水
- 便秘用浣腸劑
- 催吐用的小蘇打塊
- 獸醫師所推薦開立的點眼液和點耳液
- 一捲吸水紙巾

上圖：使用箱子或提藍帶貓咪前往動物醫院是很合理。因為這可以使貓咪感到安全，並且可以減少因為你用手抱著，而被同樣在候診的狗兒或是路上車輛的聲音驚嚇而逃脫的風險。

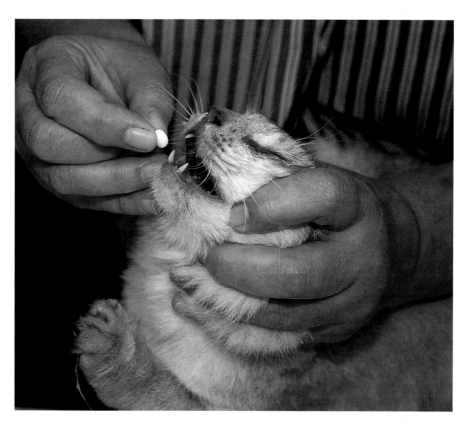

餵貓咪吃藥丸（藥片）

　　將一隻手的拇指與其他指頭分別放置在貓咪頭部的兩側，然後輕輕的施加壓力直到貓咪的頭部往後仰——這時牠的嘴應該已經張開。

　　此時用你的另一隻手將貓咪的下顎往下壓，然後很快速的將藥丸盡量塞入貓咪舌頭的後方。

　　然後讓貓咪的嘴巴緊閉，並使牠頭維持後仰直到藥丸被吞下為止。

保定一隻緊張的貓咪

　　如果你需要帶一隻正處於極度緊張或是憂鬱的貓咪前往動物醫院，最好是以一條毛毯暫時將牠包裹。這樣子你的獸醫師屆時才能解開鎮靜下來的貓咪，並為牠進行檢查。

餵貓咪吃藥水

　　使貓咪的頭部向後傾斜，拉開牠的嘴唇使其成口袋狀，此時將藥水滴入嘴巴裡。然後關上貓咪的嘴巴直到牠吞下藥水為止──然而你將會發現這是非常難做到的，可能需要漸進且多次調整滴入的劑量，以減少溢出的藥水量（記得不可餵超過劑量）。

輕微外傷

　　由於貓咪的自然習性就會去舔舐並清理自己身上的任何傷口。也因此暴露在空氣中的傷口會迅速乾燥，並且很快就可以復原。

　　當發現身體上輕度傷口時，你可以剃掉傷口外面的被毛，檢查並清理移除嵌入傷口的刺、碎玻璃或是其他異物。以生理食鹽水或是低濃度的雙氧水清洗傷口，之後就由貓咪自己來照顧傷口。

　　然而，對這些小傷口仍必須時時注意，因為如果貓咪舔舐傷口的頻率增加，很可能會造成進一步的皮膚病變或是傷口的細菌感染──萬一發生此類情形時，請遵照獸醫師所給的指示處理。

　　要為貓咪受傷的區域裹上繃帶是非常困難的一件事，即使成功的包紮上去，大部分的貓咪都會馬上想盡辦法弄掉。貼上黏性膠布可能可以使繃帶固定，減少被扯掉的風險，但是這類的傷口處理還是請交給獸醫師以及相關人員為佳。有時獸醫師會建議貓咪使用「伊麗莎白項圈」，以使貓咪去舔傷口造成的風險減到最低。

　　如果傷口是在貓咪無法舔咬得到的地方，則將傷口處被毛清理乾淨，並以生理食鹽水（兩茶匙的鹽加入兩杯水中）、3%的雙氧水或是獸醫師所推薦的殺菌劑清洗傷口。

咬傷或刺傷

　　此類傷口中的一部分屬於相當輕微者，不過由於貓咪牠們的天性，會造成一些問題的可能性。其中開放性的傷口好得很快，不過任何引發的傷口內細菌感染（而且是經常發生）很可能會被包附於傷口內並形成膿腫。

　　貓咪很可能會藉由自己舔舐來保持傷口的開放，或者可以經由身為主人的你以生理食鹽水清洗來做到。如果你不是很確定如何做處理才是正確，或者傷口已經開始呈現感染的現象，建議還是前往動物

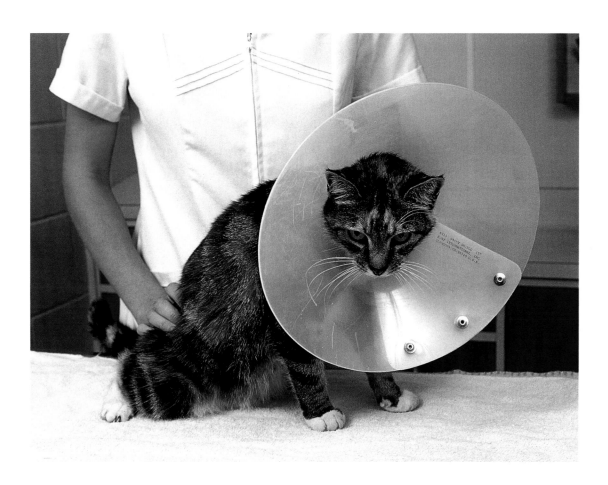

醫院治療，因為很可能傷口已經需要抗生素類的藥物給予。

靜脈出血

如果你的貓咪是靜脈性的出血，那血液應該是慢慢滲出並呈現偏暗紅色。試著以生理食鹽水或是3%的雙氧水清洗傷口。

如果傷口是在四肢部分，可以試著照以下方法繃帶包紮以壓迫止血：

○ 以無黏性的膠布覆蓋傷口。

○ 用一塊厚的棉花覆蓋於膠布上。

○ 以繃帶牢固的綁緊（但切忌綁太緊）。使用品質較好的繃帶並且控制好包紮的鬆緊度。

○ 檢查繃帶的間隙以確定沒有任何腫脹現象發生（通常是繃帶綁太緊的警示）。

○ 你可以將四肢的繃帶一直綁到腳掌，並且在腳掌處才包紮打結，這樣可以防止傷口的腫脹。

○ 安排貓咪前往動物醫院檢查。

如果傷口是位於你無法以繃帶包紮的地方，則先以膠布或是棉花覆蓋在傷口上，再以拇指或其他指頭輕輕的施加壓力在傷口上至少5分鐘。如果傷口仍持續出血未止，盡快帶往動物醫院求助。

動脈出血

動脈出血是呈現鮮紅色，且會強力的噴出。

○ 如果出血動脈管徑不是太大，則可以用彈性繃帶包紮，並且每10分鐘檢查一下確定傷口是否已經停止出血。

○ 對於較大管徑的動脈出血，則直接以手指施壓在該區域之上，但是稍微接近心臟一點。每5分鐘放開手指確認，如果有需要再持續施壓。

○ 最好的方法是盡快送往動物醫院處理。

上圖：「伊麗莎白項圈」可以預防貓咪舔咬身上的傷口，或是傷害眼睛和耳朵部分的手術創口。

當貓咪帶著這類項圈時應該被限制不得出門。

釘子造成的出血

這類傷口通常是因為意外造成，而且在大部分情形下，釘子大都是完全刺穿傷口。這類的傷口通常會非常疼痛，而且貓咪可能不會讓主人碰觸到牠的傷口。

如果你有辦法接觸傷口的話，先以彈性繃帶保護傷口，再以紗布環繞包紮整個腳掌。血液的凝結反應大約在5分鐘後就會慢慢發生，不過傷口部分可能需要進一步的治療或給予抗生素處理，所以請盡快與動物醫院聯絡。

眼睛外傷

你可以自行處理較輕微的問題，例如灰塵或是泥土等異物進入，則可以用急救箱中的眼藥水或是人用的人工淚液等將異物沖掉。

然而，請記得眼睛的表面（角膜）是非常脆弱，而且萬一傷害到角膜可能會使貓咪的視力有好幾天受到影響。因為這樣，所以請隨時注意眼睛的任何可能問題，並且在有任何疑問時，交由獸醫師來做檢查。

耳朵外傷

這類問題可能是因為貓咪之間的打鬥，或者是因為小樹枝阻塞耳道造成。耳朵表面的靜脈是非常容易受到傷害，而且很容易因此而流血。除非傷口不是很嚴重，否則簡易還是交由受醫師檢查較佳。

嘴巴外傷

通常這類傷害都是由尖銳的骨頭所造成。舌頭和牙齦輕微的傷害在沒有其他意外下都會自然的治癒，不過如果有疑問的話仍是交給獸醫師來確認比較安心。

如果想拔出貓咪嘴唇上的魚刺，試著先將上面的倒勾全部壓出傷口外，然後從刺的根部將其剪斷。如果你不確定自己是否有辦法處理這些問題，則可以向你的獸醫師求助。

腳與腳掌的外傷

腳上的外傷通常可以先使用生理食鹽水或是3%的雙氧水來加以沖洗，然後擦拭乾淨，再以繃帶或是襪子等包紮。腳掌上的割傷相對上比較難以處理，而且除非是很輕微的傷口，否則還是交給獸醫師處理才是上策。

尾巴外傷

這類傷口可能是因為打架造成，所以處理方法可以參照上面（腳與腳掌的外傷）。

如果在傷口週邊有嚴重的疼痛情形發生，則可能

上圖：當為貓咪上繃帶時必須小心。如果繃帶太緊，則可能會妨礙到血液流通。貓咪在意識清醒時可能非常難上繃帶，尤其是在疼痛的情形下──圖中這隻則是注射了鎮定劑。

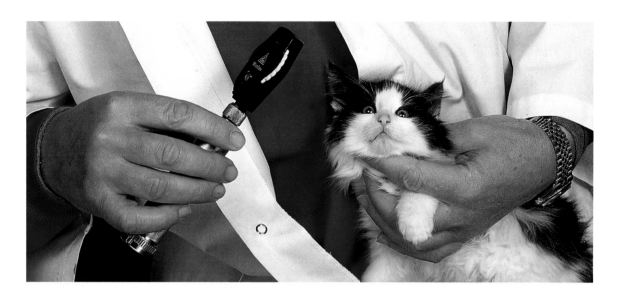

是尾巴有骨折的問題，因此盡快尋求獸醫師的協助。有時候因為貓咪不小心讓尾巴被車輛的輪胎所夾住，而且因疼痛脫逃而用力的拉扯尾巴，因此造成嚴重的神經傷害。在大部分的案例下這種情形可能會造成尾巴麻痺——很不幸的是這樣的傷害可能會持續，而唯一治療方法就是將尾巴截斷。

骨折

如果發現腿部骨折，盡可能先限制貓咪的活動。你可以先用報紙或是雜誌包裹腿部以提供暫時的支撐。如果對此仍有疑問，建議不要自行處理以免加速傷口惡化，並請尋求專業的治療與處理。

意外與急救

在你開始對貓咪做任何緊急處理之前，你需要先檢查貓咪的心跳。要檢查心跳，請先將你的兩隻手指放在胸部的中間偏下部位，大約是在前肢的肘部左右，然後輕輕的按住。

記得不要隨便移動貓咪，除非牠是處於一個不安全的地方（例如馬路中間）。

人工呼吸（AR）

- 移去頸部的項圈，並清除口中的口水、血液、嘔吐物等所有東西。並將貓咪舌頭向外拉出。
- 讓貓咪側躺。
- 放一隻手在貓咪的嘴上以保持其閉上。
- 深深的吸一口氣，並用力吹進貓咪的鼻孔中持續3秒鐘，直到你感覺有阻力或是貓咪的胸部有昇起。
- 重複這步驟每分鐘12~15次。
- 稍暫停一下，看貓咪是否已經能夠自行呼吸。
- 若貓咪還是無法自行呼吸，請重複上述步驟。
- 盡快的帶往動物醫院請求協助。

心肺復甦術（CPR）

不同於人工呼吸，心肺復甦術因為貓咪的身體尺寸很小，而非常難以處理。

- 讓貓咪右側朝下躺下。
- 手指輕微張開，兩手交錯放置在貓咪的胸上。
- 施加平順有節奏的壓力以使胸部移動約2公分（0.7英吋）且不會造成內部傷害。並以一秒鐘一次的頻率持續一分半鐘。
- 暫時停止，檢查是否有心跳（參照左側，意外與急救）。
- 如果沒有反應，繼續上述的CPR步驟一分半鐘，然後施行人工呼吸（見左頁）約一分鐘。
- 停止，並再一次確認心跳與呼吸。
- 如果兩者都沒有恢復，繼續上述步驟。
- 如果心跳恢復，則繼續人工呼吸步驟。
- 盡快帶往動物醫院尋求獸醫師協助。

上圖：這位獸醫師正在使用「眼底鏡」來檢查這隻幼貓的眼睛傷害。

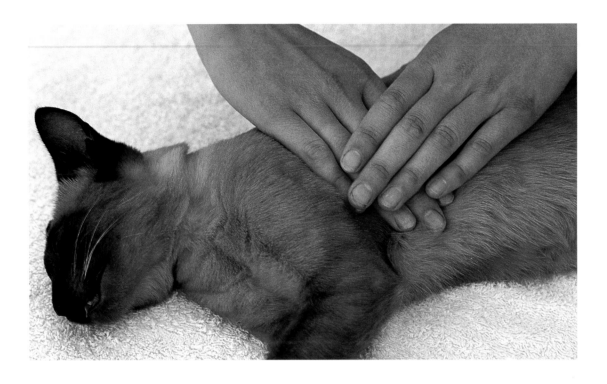

馬路上的交通意外

- 如果貓咪是在馬路中間,先請路人幫忙警告或是控制一下交通狀況。
- 小心的將貓咪移上任何的衣物、布巾或類似物品之上,然後將牠先行移到路旁的安全區域。
- 檢查貓咪的心跳及呼吸。
- 如果貓咪有心跳卻沒有呼吸,則施行人工呼吸(參見115頁)。
- 若貓咪沒有心跳,則進行CPR(參見115頁)。
- 一隻受傷但意識清楚的貓咪會是非常恐懼、具攻擊性,甚至兩者均有之。因此在處置以及移動時盡量小心並保持安靜,並且不斷的與貓咪說話並使牠安心。
- 使用衣物或毛巾將貓咪移動到車輛之上,以便將牠移動到動物醫院。過度的撫摸或是擁抱,都可能使傷勢加劇,尤其是脊椎發生骨折時。
- 如果你認為貓咪可能有脊椎的傷害而手中又有可用的道具,則將貓咪放置在木板等上面並且綁緊以免其亂動。
- 如果你現在唯一可以移動貓咪的方法是將牠抱起,那麼請非常小心的移動牠,將一隻手放在牠的胸前,另一隻手則放在牠的臀部。盡可能保持脊椎的伸直並且固定。

休克

多數的意外情形都可能導致休克。休克的徵兆包括了:

- 呼吸急促
- 牙齦或黏膜蒼白
- 心跳異常快速

如何處理

- 如果貓咪已經失去意識,那先讓貓咪側躺並將舌頭拉出以保持氣道暢通,然後在牠的臀部下方墊一些東西以使下半身抬高。
- 如果貓咪還有意識,先盡量使牠安靜並且輕輕的將牠固定。
- 試著先止住任何可以見到的出血現象(參見113頁)。
- 讓貓咪保持溫暖,但是也不要讓牠過熱。
- 盡可能快速的尋求動物醫院的協助。

上圖:除非無法找到獸醫師,否則不要輕易嘗試CPR,因為如果施行的動作步驟不正確,反而會對貓咪造成嚴重傷害。

觸電

- 如果觸電的貓咪還和電源有接觸，在你接觸貓咪之前『先將電源切斷』。
- 檢查貓咪的心跳和呼吸。
- 如果貓咪有心跳卻沒有呼吸，則施行人工呼吸
- 如果貓咪也沒有心跳，則先試著進行CPR。
- 儘可能快速的將貓咪帶往動物醫院。

溺水

- 如果可能的話，抓住貓咪的腳將貓咪頭下腳上的提起，並將牠搖晃15到20秒以便將牠肺部的水倒出來。
- 先讓貓咪側躺，並維持頭部較低的姿勢。
- 檢查貓咪的心跳和呼吸。
- 如果貓咪有心跳卻沒有呼吸，則施行人工呼吸（參見115頁）。
- 如果貓咪也沒有心跳，則先試著進行CPR（參見115頁）。
- 儘可能快速的將貓咪帶往動物醫院。

吸入一氧化碳、煙霧或其他蒸氣

- 將貓咪移到空氣新鮮的地方。
- 若貓咪意識清醒，用乾淨的水清洗貓咪眼睛。
- 如果貓咪沒有意識，檢查貓咪的心跳以及牠是否還有呼吸。
- 如果貓咪有心跳卻沒有呼吸，則施行人工呼吸（參見115頁）。
- 如果貓咪也沒有心跳，則先試著進行CPR（參見115頁）。
- 儘可能快速的將貓咪帶往動物醫院。

窒息

- 如果可能，請其他人幫忙固定住貓咪。
- 用一隻手的食指及拇指伸入貓的口中，頂住貓咪的上顎及舌頭，適當的施力讓牠嘴巴張開。
- 如果你能夠看見導致牠窒息的物體，試著將其移除，不過請小心不要被貓咪咬到。
- 如果無法移除該物體而貓咪又很小隻，抓住牠的後腳頭下腳上的提起，然後用力的搖晃。
- 儘可能快速的將貓咪帶往動物醫院。

抽搐或痙攣

這類情形通常都只會持續數分鐘，而且很少會致命。你的目的僅在於防止貓咪在抽搐時傷到牠自己，以及避免傷到你本身。

- 讓你的手遠離貓咪的嘴巴以免被咬。
- 將貓咪移動到淨空沒有家具的地方。
- 將貓咪包裹在毛毯中以固定牠的腳以及身體的移動。
- 聯絡你的獸醫師尋求專業建議。

燒燙傷

燒燙傷有可能是由於熱，或是化學物質如石油製品或是強酸、強鹼等所導致。

熱所導致的燒燙傷

- 儘可能快速帶貓咪前往動物醫院。
- 當前往動物醫院時，準備冷水以及冰枕（或者是一袋冰凍的蔬菜如冷凍玉米或豌豆等）敷在患處上。
- 試著禁止貓咪去舔舐燙傷的部位。
- 如果燒傷範圍很廣泛，先用乾淨、不含藥物的紗布或繃帶覆蓋傷口。

化學藥物導致的燒燙傷

- 以肥皂與清水完整清洗整個燒傷的區域（盡量使用溫和、不含香料以及色素的肥皂）。
- 嘗試確認導致燒燙傷的化學物質。
- 聯絡獸醫師尋求建議。

中暑

症狀包括快速、不規則的呼吸、失禁、嘔吐以及虛脫

- 將貓咪帶往比較陰涼的場所。
- 如果貓咪失去意識，視需要施行人工呼吸或CPR（參見115頁）。
- 用花園裡的水龍頭或是浴室蓮蓬頭沖冷水以冷卻貓咪的身體半個小時左右。使用冰枕（見上文）放置在貓咪的頭部也不失為一好主意。
- 盡快尋求獸醫師協助。

失溫

- 使用電毯或是加熱包為貓咪取暖，並記得每幾分鐘幫貓咪翻身以免燙傷。
- 也可以使用溫暖並用布巾包裹的熱水瓶取暖（攝氏37度；華氏100度）。
- 盡快尋求獸醫師協助。

凍傷

最常發生的部位是在貓咪被毛最少以及血液循環最小的地方，例如耳朵的尖端或是鼻子。

- 使用泡過溫水（攝氏24度；華氏75度）毛巾或是其他東西熱敷患處。
- 檢查皮膚的顏色。如果皮膚變成暗色，盡快尋求獸醫師協助。

昆蟲或是蜘蛛叮咬

有許多種昆蟲（例如蜜蜂、黃蜂、胡蜂等）以及蜘蛛都含有毒性。所有的叮咬都有可能導致過敏的反應。

- 如果是蜜蜂叮咬，使用老舊的剪刀或是其他工具想辦法將刺入皮膚的刺挖出，而不能單純的只想把刺拔出來。
- 對被刺的部位給予冰敷。
- 盡快的尋求獸醫師的協助。

有毒性的蟾蜍或是蜥蜴

在美國有藍尾蜥蜴以及其他多達8種的蟾蜍對貓咪來說是有毒的。如果貓咪舔或是咬了一隻蟾蜍，則毒液（儲存在蟾蜍皮膚上的瘤狀突起中）很有可能會進入貓咪的嘴巴或是眼睛中。若貓咪吃下了藍尾蜥蜴的尾巴，同時也吃進了其中所含的毒素。臨床上的症狀在吃下後很快會發生，例如流口水、嘔吐、搖晃及顫抖、失去平衡、抽筋甚至昏迷。

- 如果可能，盡快以清水沖洗去掉貓咪眼睛或嘴巴裡的毒液。
- 如果貓咪已經失去意識，使用毛毯包裹牠以保持溫暖。
- 不管任何一種情形，都應送往動物醫院接受緊急治療。

蛇類咬傷

咬傷可分為無毒蛇或是有毒蛇兩種可能。有毒蛇咬傷所留下的齒印和無毒蛇有很明顯的不同，不過因為貓咪的被毛關係而通常很難分得清楚。由於貓咪通常很難固定處理，所以你應該盡快送往動物醫院尋求協助。

如果你可以固定住貓咪作處理，試著進行部分或是全部的下列步驟：

- 如果你有辦法確定咬傷來自無毒蛇，剃掉咬傷部位的被毛並且以3%的雙氧水灌洗傷口。
- 如果不是很能確定蛇的種類，先假定為有毒蛇來做處置。
- 如果咬傷是在四肢，用皮帶或是布條折成約寬2.5cm（1英吋）當作止血帶。在咬傷跟心臟之間的區域綁上止血帶，大約離開傷口2.5~5cm（1~2英吋）左右。將一根小木棒或是類似東西穿過止血帶，打一個小結並且扭轉木棒使咬傷區域的血流阻斷。使用另一塊布包住被咬的肢體以及木棒以固定其位置。
- 不管咬傷位置位於何處，盡可能先剃去該部位的被毛，然後在每一個齒痕的地方都以刀子切出一道傷口，直到流血為止。
- 從傷口處吸出毒液。如果你的嘴巴週邊或是口腔內有任何傷口，千萬不可以做此項處置。
- 吐掉你所吸出的毒液。千萬不可以將它吞下。
- 用3%的雙氧水清洗傷口部位。
- 對咬傷區域施以冰敷。
- 帶貓咪前往動物醫院進一步處理。
- 如果動物醫院有點距離，則每15分鐘需要鬆開束帶10秒鐘，然後再次綁緊。

臭鼬的攻擊

在美國，臭鼬是狂犬病的主要帶原動物之一，且絕對不能用空手捕捉。如果你的貓咪遭遇臭鼬的攻擊，而且被臭味噴灑到臉或是身上時，請依循下列步驟：

- 先將貓咪固定。
- 使用清水沖洗牠的眼睛。
- 使用清水和肥皂清洗貓咪全身。

為了中和臭鼬的臭氣，你可以使用專門的中和劑，或是為貓咪全身塗抹純的番茄汁。

○ 若臭鼬已經死亡，絕對不能空手捕捉，將牠裝在箱子中帶往動物醫院檢查是否感染狂犬病。

○ 確定你的貓咪有按時接受狂犬病預防注射。

家中或是家裡週邊的有毒物質

家中及週邊的安全對貓咪來說，就像對兒童一樣都是非常重要。

洩漏出來的液體或是粉末可能會從容器中流出濺到貓咪的被毛或是腳掌上，而貓咪在清理時就可能吃下有毒物質。有時你可能會發現貓咪發展出一種對漂白劑的喜愛（尤其是有香味的漂白劑更可能吸引貓咪），而會在你用來拖地後從地板上舔掉。

所有具有毒性的家庭用品都必須被鎖上，或是存放在貓咪無法接觸到或其他動物無法打翻的地方才行。會揮發出有害氣體的物質則應該在通風良好的地方儲存或使用。

中毒症狀

中毒的症狀是非常多樣，而決定於所吃下的有毒物質種類為何，同時又與一些內科症狀非常的相似。然而，當如果有以下的情形時，你可以考慮你的貓咪可能有中毒情形：

○ 嚴重的失禁

○ 突然的嘔吐以及嚴重下痢（每小時至少2到3次以上）

○ 流口水或是口吐白沫

○ 哀嚎

○ 劇烈的腹部疼痛

○ 有休克的現象

○ 精神不濟

○ 顫抖、失去平衡、步伐蹣跚或有抽搐現象

○ 虛弱或甚至昏迷

○ 有過敏反應的症狀，例如臉部腫脹或是腹部密集的紅疹

如何處理

○ 分秒必爭。

○ 試著先確定毒物的種類。

○ 實行一些在120頁已提到過的緊急處理方法。

○ 馬上聯絡你的獸醫師，並且將貓咪儘快帶往動物醫院。

○ 如果你發現導致貓咪中毒的是不確定物質，將

上圖：貓咪如果要穿越雜草叢生的花園，則可能會有遭蛇咬傷或遇到其他有毒性動物的危險。

其包裝袋或容器一起帶往動物醫院。在標籤上常會註明該特殊毒物的解毒劑及處理方法。

○ 如果你的貓咪有嘔吐，收集一些嘔吐物以容器裝著帶往動物醫院。

緊急處置

如果該毒物具有「腐蝕性」（如強酸或是強鹼），或者你並不清楚是什麼導致問題發生：

○ 不要誘導貓咪嘔吐

○ 如果貓咪的意識清楚狀態，則可以大量清水沖洗口腔及口鼻部位，然後試著給予一茶匙的蛋白或是橄欖油。

○ 迅速帶貓咪前往動物醫院。

如果該毒物並不具有「腐蝕性」（非強酸或是強鹼）、或為石油類製品：

○ 如果貓咪尚未嘔吐，可以誘導地嘔吐。

○ 將嘔吐物裝進乾淨的容器中。

○ 將貓咪和嘔吐物一起帶往動物醫院。

如何誘導嘔吐

可以參照下面任一推薦方法：

○ 直接讓貓咪吞下一大塊的洗衣蘇打。

○ 一茶匙的鹽溶於些許熱水

○ 一茶匙的芥茉粉溶於一杯熱水中

每10分鐘重複一次，直到貓咪嘔吐為止。記得保存嘔吐物以便動物醫院做檢查。

緊急解毒劑

● 吸收劑（吸收有毒物質）：

活性碳，至少6片300mg的錠劑，或是2到3茶匙的粉末混合在一杯溫水中

● 保護劑（幫助覆蓋住胃黏膜）：

一茶匙的蛋白或是橄欖油

● 抗酸劑：

一茶匙的小蘇打

● 抗鹼劑：

數茶匙的醋或是檸檬汁

一些潛在可能毒物來源

許多庭院裡所種植的植物，或是家中、車庫、庭院、儲藏室常用的一些用品，都有可能造成貓咪或是其他寵物的中毒（當然，同樣也可能發生在小孩身上）。幼貓尤其特別具有危險性。

來自家中

石油類製品：

○ 衣物乾洗劑

具腐蝕性產品

○ 濃縮的清潔劑，例如用來加入自動洗碗機或是自動洗車機，以及地毯用的乾洗粉

○ 家用漂白劑

○ 濃縮的殺菌劑

○ 去角質藥劑

不具腐蝕性產品

○ 藥物（人用或是動物用）。

○ 有些室內植物在食入後可能會有毒性，像是聖誕紅的樹葉、檞寄生

○ 清潔用品或是含有三氯甲烷的乾洗劑

○ 巧克力。其中包含了一種稱為theobromine的物質，其作用非常類似咖啡因。本物質具有刺激性及theobromine，而且可以作用於身體內任何一個器官。顏色越深的巧克力，其所含的theobromine就越多。巧克力中所含的theobromine對人類來說是安全的，不過卻對寵物們有傷害性。其症狀包括消化道異常（嘔吐或下痢）、心跳速度加快以及血壓升高，排尿量增加（多渴多尿），肌肉震顫以及抽搐。目前沒有已知的解毒劑。

附註：寵物用的巧克力是安全的，因為此類產品已經事先除去theobromine。

蒸氣

○ 來自清潔類用品如丙酮、甲苯類或是三氯甲烷

○ 一氧化碳

○ 煙霧（來自香菸、雪茄或是燃燒的火堆）

來自車庫或是倉庫小屋

石油類製品

- 溶劑或是去漬油
- 車用機油

具腐蝕性

- 電池液
- 潤滑油清除劑
- 強鹼如鹼液或是其他排水溝去污劑
- 酚油和焦油

無腐蝕性

- 庭院和植物用噴霧劑或是除草劑
- 殺蟲劑,特別是有機磷類製品。此類物品具有潛在的致命性。有可能經由皮膚吸收
- 蝸牛和蛞蝓用的殺蟲劑。雖然此類產品中有許多都已經降低了貓咪可能中毒的風險,不過劑量日漸累積所造成的中毒還是有可能發生。貓咪可能一次只吃下一兩隻蝸牛,不過殺蟲劑仍可能在牠體內累積終於導致中毒
- 殺鼠藥物。包含了數種不同的產品。吃下一點點也可能造成很嚴重的問題
- 防凍劑(乙二醇),有些幼貓很喜歡此類防凍劑的味道,一但找到時會舔個痛快。以二醇具有強烈的毒性,並可能會造成腎臟損害。很小的劑量就可能會有致命的危險。症狀通常在吃下的1到2個小時後發作

來自幻想症

來自木頭的保護氣味,或是含有丙酮的塗料或溶劑

來自花園

- 毒蕈和黴菌
- 槲寄生的莓
- 植物:杜鵑花、鳥類的天堂、番紅花、飛燕草、百合花、山谷中的野百合、洋夾竹桃、水蠟樹、山杜鵑、甜豆、紫藤

- 某種蔬菜::大黃的葉(生的或是煮過的),馬鈴薯藤蔓

來自汽車

- 燃燒不完全所產生之一氧化碳

來自鄰居間

毒性物質有時也會在離家有點距離的公共區域。

- 清潔隊等所放置的殺鼠藥物
- 其他毒物,如塞了毒藥的小鳥或老鼠屍體,用以誘捕殺死森林裡的一些有害動物。
- 含有沙門氏桿菌或是梭狀桿菌、博德氏菌的食物。雖然貓咪通常對所吃的食物都非常的小心,不過沙門氏桿菌症(食物中毒)仍然可能會使較年輕的貓咪致命。博德氏菌中毒則會對神經系統造成影響,導致分體部分甚至全身性的麻痺。

評估以及處置嘔吐的方針

對貓咪來說,嘔吐是一個清除胃內物質的自然方法,也正因為如此,貓咪嘔吐並不表示可能有一些更嚴重的問題:牠可能只是要排出一些無法消化的東西,如捕食的獵物殘骸。如果你的貓咪僅是嘔吐一兩次,然後在精神方面仍然保持正常,則建議再觀察牠的狀況幾個小時。如果沒有再進一步的嘔吐發生,再接下來的24小時內,僅僅供應少量的食物即可,如果仍然沒有任何問題,這才開始供應正常的飲食。

如果對這方面仍有疑慮,或是有以下情形時,請洽詢你的獸醫師:

- 貓咪開始表現出精神不佳情形
- 嘔吐物中帶有血
- 貓咪間歇性的嘔吐(每3到4小時一次)超過8小時以上
- 貓咪持續性的嘔吐
- 貓咪曾經接觸過可能潛在含有毒性的物質

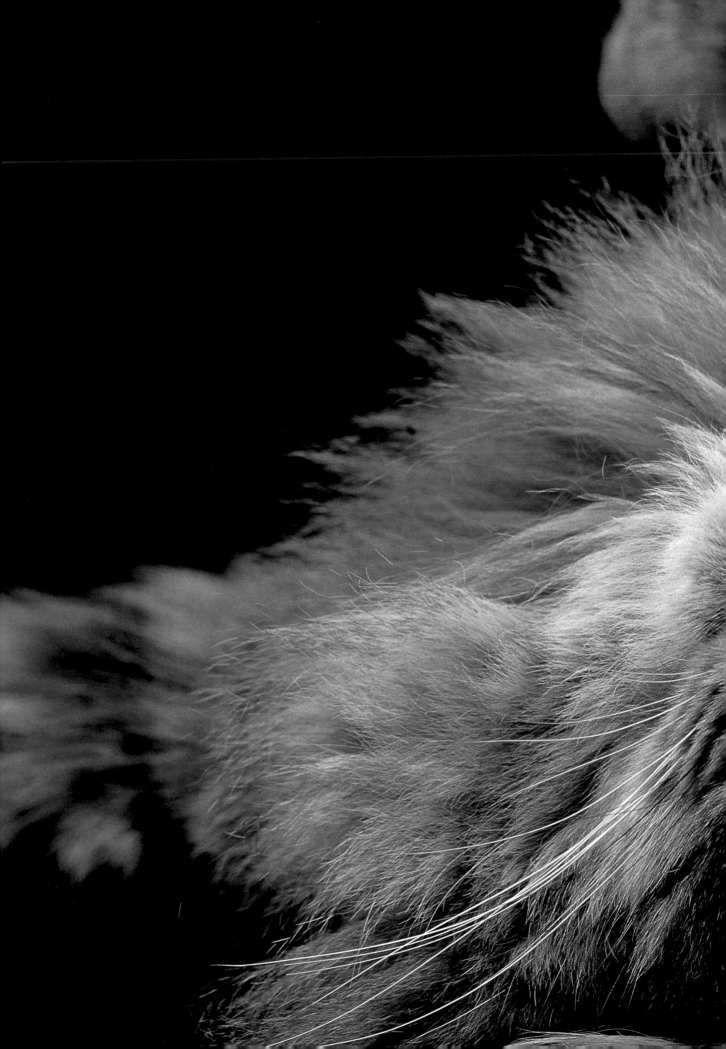

索　引

養貓寶典
The CAT OWNER'S Handbook
SMART

Metropolitan Culture Enterprise Co., Ltd.

4F-9, Double Hero Bldg., 432, Keelung Rd., Sec. 1,
TAIPEI 110, TAIWAN

Tel:+886-2-2723-5216   Fax:+886-2-2723-5220

e-mail:metro@ms21.hinet.net

國家圖書館出版品預行編目資料

養貓寶典 / 葛拉漢.米道斯(Graham Meadaws),
艾爾莎.弗林特(Elsa Flint)作;陳文裕譯.
-- 初版.－臺北市:大都會文化,2003[民92]
面: 公分. –(Pet;10)
含索引
譯自:The Cat owner's handbook
ISBN 986-7651-55-3

1. 貓 – 飼養 2. 貓 – 疾病與防治

437.67   94020565

作　　者：葛拉漢‧米道斯（Graham Meadows）
　　　　　艾爾莎‧弗林特（Elsa Flint)

譯　　者：陳文裕

發 行 人：林敬彬

編　　輯：黃淑鈴、林嘉君

內文編排：像素設計 劉濬安

出　　版：大都會文化 行政院新聞局北市業字第89號

發　　行：大都會文化事業有限公司

　　　　　110台北市信義區基隆路一段432號4樓之9

　　　　　讀者服務專線：（02）27235216

　　　　　讀者服務傳真：（02）27235220

　　　　　電子郵件信箱：metro@ms21.hinet.net

郵政劃撥：14050529　大都會文化事業有限公司

出版日期：2006年7月平裝版初版第1刷

定　　價：250元

I S B N：986-7651-55-3

書　　號：Pets-010

大都會文化
METROPOLITAN CULTURE